游戏动漫设计系列丛书　丛书主编 ⊙ 沈渝德　王波

游戏色彩基础

班宁秋　张　娜　曾岳 ⊙ 编　著

西南师范大学 出版社
国家一级出版社 全国百佳图书出版单位

图书在版编目(CIP)数据

游戏色彩基础 / 班宁秋, 张娜, 曾岳编著. -- 重庆:
西南师范大学出版社, 2015.5
(游戏动漫设计系列丛书)
ISBN 978-7-5621-7331-1

Ⅰ. ①游… Ⅱ. ①班… ②张… ③曾… Ⅲ. ①三维-
动画-计算机图形学 Ⅳ. ①TP391.41

中国版本图书馆 CIP 数据核字(2015)第 061305 号

游戏动漫设计系列丛书　　沈渝德　王　波　丛书主编

游戏色彩基础

班宁秋　张　娜　曾　岳　编著

责任编辑：王　煤
封面设计：仅仅视觉
版式设计：王石丹
出版发行：西南师范大学出版社
　　　　　中国·重庆·西南大学校内
　　　　　邮编：400715
　　　　　网址：www.xscbs.com
经　　销：新华书店
制　　版：重庆海阔特数码分色彩印有限公司
印　　刷：重庆康豪彩印有限公司
开　　本：889mm×1194mm　1/16
印　　张：7.25
字　　数：140 千字
版　　次：2015 年 8 月第 1 版
印　　次：2015 年 8 月第 1 次印刷
书　　号：ISBN 978-7-5621-7331-1

定　　价：44.00 元

PREFACE 序

近年来,随着科学技术的发展和现代社会的进步,数码媒介与技术的蓬勃兴起使得相关的艺术设计领域得到了迅猛的发展并受到了广泛的关注。近十年来,我国的游戏产业迅猛发展,正在成为第三产业中的朝阳产业。数字游戏已经从当初的一种边缘性的娱乐方式成为目前全球娱乐的一种主流方式,越来越多的人成为游戏爱好者,也有越来越多的爱好者渴望获得专业的游戏设计教育,并选择游戏作为他们一生的职业。同时,随着数字娱乐产业的快速发展,消费需求的日益增加,行业规模不断扩大,对游戏设计专业人才的需求也急剧增加。

从我国目前游戏设计人才的供给情况来看,首先,我国从事游戏产业的人员大多是从其他专业和领域转型而来,没有经历过对口的专业教育,主要靠模仿、自学、企业培训以及实践经验积累来提升设计能力,积累、掌握的设计方法、设计思路、设计技术也仅限于企业内部及产业圈内的交流和传授。其次,我国开设游戏设计专业的高校数量较少,目前在全国重点艺术院校中开设游戏设计相关专业方向的仅有中国美术学院、四川美术学院、中国传媒大学、清华大学美术学院(第二学位)、北京电影学院等少数几所,游戏设计专业课程体系的建立以及教学内容的完善还处于摸索、积累、完善的阶段。作为游戏产品的关键设计内容以及艺术类院校游戏设计专业核心教学内容的游戏美术设计,更是迫切需要优化课程板块,梳理课程内容,依托专业基础,结合设计开发实践经验与行业规范,形成一套相对系统、全面,适应专业教学与行业需求的系列教材。这套游戏动漫设计系列丛书,正是适应这一需求,为满足专业教学实践而建构的较为完整、全面的主干课程教材体系。

游戏产品的开发环节和开发内容主要包括游戏策划、游戏程序开发以及游戏美术设计,策划是游戏产品的灵魂,程序是游戏产品的骨架,而游戏美术则是游戏产品的"容颜",彰显着游戏世界的美感。游戏美术设计的内容和方向主要包括游戏角色概念设计、游戏场景概念设计、三维游戏美术设计、游戏动画设计、游戏界面(UI)设计、游戏特效设计等。本套教材完整包含了这些核心设计内容,内容设计较为合理完善,对于构建专业教学课程体系具有较高的参考价值与实用意义。同时,本套教材的作者均来自于专业教学及产品开发第一线,并且在教材选题阶段就特别强调了专业性与规范性,注重教材内容设计、内容描述的条理性、逻辑性以及准确性,并严格按照行业规范进行了统筹安排。

随着市场竞争的加剧,产品同质化突显,游戏产业对游戏设计专业人才的需求在质量上提出更高、更严的要求。企业和研发机构将越来越看重具备复合性、发展性、创新性、竞合性四大特征的高级游戏设计人才。通过广泛调研以及近年的教学实践和教学模式探索,我们就当前高级游戏设计人才的培养必须具有高创造性、高适应性、高发展潜力,具有国际化的视野和竞合性,既要具有较强的产品创新与设计创意能力,又要具有较强美术创作实践能力方面达成了共识。为了体现这一共识,本套教材中的教学案例基本来自于作者的教学或开发实践,并注重思路与方法的引导,充分展现了当前的最新设计思路、技术路线趋势,体现了教学内容与设计实践的紧密结合。

从以上几个方面来规划和设计的游戏专业教材目前比较少,而游戏设计专业的教学和实践开发人群都比较年轻,虽然他们对于教材相关内容都有着自己的研究、实践和积累成果,但就编写教材而言还缺少经验,需要各位同行和专家提供宝贵的意见和建议,不吝加以指正,以便进一步改进和完善。尽管如此,我们依然相信这套教材的出版,对于游戏设计专业课程体系建设具有非常积极的推动作用和参考价值,能够使读者对游戏美术设计有一个系统的认知,在培养和增强读者的游戏美术设计能力、制作能力、创意创作能力提供重要的引导和帮助。

沈渝德　王波

CONTENTS 目录

第一章
游戏色彩概述

游戏
动漫

要点导入:我们对电子游戏并不陌生,但色彩在其中所起到的美观性和功能性作用却不为我们明确感知。通过本章学习,我们要对游戏有全方位的了解,对色彩在游戏中的功能性、运动性、阶段性和地域性理论有一定的掌握。

第一节　游戏的起源和发展

随着计算机和软件技术的快速发展,世界上用图像显示的第一个电子游戏出现在 1958 年。当时,美国的物理学家威利·海金博塞姆博士做了一个名为《双人网球》(图 1-1)的小游戏,游戏界面里只有一个简单的"网"和符号式的一闪一闪的"网球",游客通过两个控制箱来操纵"网球"。这个小游戏引起了大家的极大兴趣。

在此之后, 美国加利福尼亚电气工程师诺兰·布什内尔制造出第一台商用电子游戏机 "电脑空间(Computer Space)",这款游戏是由两个玩家各自控制界面中的太空飞船,互相发射子弹攻击和躲避对方,同时还要摆脱星球的引力。但是,在当时人们对此题材的游戏还不感兴趣,所以没有取得预想的成功。但布什内尔并未气馁, 在 1972 年 6 月 27 日与他的朋友特德·达布尼注册了第一个电子游戏公司——雅达利。首先推出了一款名为 Pong 的游戏,马上获得了巨大的成功。

1977 年,雅达利推出了"雅达利 2600"家用游戏机(图 1-2),风靡全球,与此之前的"奥德赛"家用游戏机相比(图 1-3),雅达利从技术到使用效果上都更加进步,它将电视机作为显示器,一机多用,不仅降低造价成本还提高了图像的清晰度。用线缆连接的手柄作控制器,这样将游戏卡从主机中分离出去,玩家就可以方便地更换不同的游戏。也就此诞生了至今我们还耳熟能详的经典作品《冒险》《打砖块》《亚尔的复仇》《吃豆人》(图 1-4)等。但随着游戏制作者的粗制滥造、内容雷同的低水平游戏的发行,雅达利慢慢淡出了人们的视野。

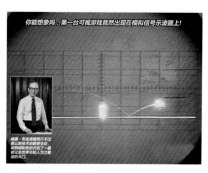

图 1-1　《双人网球》

图 1-2　雅达利 2600

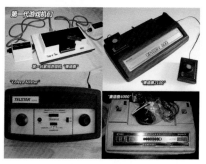

图 1-3　"奥德赛"家用游戏机

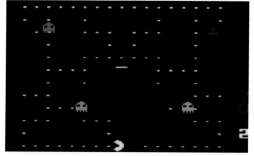

图 1-4　《吃豆人》

20 世纪 80 年代，一些日本游戏机厂商开始尝试开发家用游戏机，1983 年 7 月 15 日，著名的游戏机厂商任天堂开发出的第一款 8 位游戏机上市，这款游戏机就是后来我们通常说的红白机(图 1-5)，之后便推出了一批经典游戏，如《超级马里奥》(图 1-6)、《最终幻想》(图 1-7)、《勇者斗恶龙》(图 1-8)、《魂斗罗》(图 1-9)、《塞尔达传说》等。也许技术上在今天看来已无任何借鉴意义，但是它们的游戏性丝毫不逊于现在的游戏产品。直到现在还在采用的一些游戏分类方法，在当时的红白机中就已经出现。

红白机是家用游戏机的早期经典。在红白机诞生以后，电子竞技的雏形就已经出现。只是基于技术条件限制，可以成为电子竞技的项目比较少而已。

红白机取得成功以后，极大地刺激了家用游戏机市场的开发。另一个著名游戏厂商世嘉很快成功开发出了第一款 16 位游戏机"世嘉 MD"(图 1-10)，它缔造了 2D 游戏时代的辉煌，它的结束象征着电子游戏从 2D 向着 3D 时代迈进。后来，著名的家电厂商索尼开发了直到今天仍有很多追随者的 PS(PlayStation)一代，它是首个以光盘为游戏载体的家用游戏机(图 1-11)。

图 1-5　红白机

图 1-6　《超级马里奥》

图 1-7　《最终幻想》

图 1-8　《勇者斗恶龙》

图 1-9　《魂斗罗》

图 1-10　世嘉 MD

图 1-11　索尼 PS

PS 机的成功,成为刺激电脑游戏崛起的分水岭,众多电脑企业和游戏厂商纷纷将电脑游戏的开发纳入发展计划,并不断有成功的产品出现。电子游戏发展到现在这个阶段,电脑游戏已经占据了越来越重要的位置。可以说,电脑游戏在电子游戏中占据重要地位的同时,也为电子竞技运动的发展奠定了重要的技术基础。

随着电脑软硬件技术和互联网的飞速发展,电脑游戏制作技术也突飞猛进,成功的游戏不断涌现。比如 Westwood Studios 公司在推出具有局域网联机功能的即时战略游戏《命令与征服》(图 1-12)中,第一次完美地实现了基于局域网的多人同场竞技。这一作品的问世,让众多的游戏厂商眼前一亮,随后暴雪公司推出了《魔兽争霸》(图 1-13)。

1996 年 5 月 31 日,Id Software 发布了《雷神之锤》(图 1-14),这是第一个全 3D 的第一人称射击游戏,同样,它在所有游戏类型中也是第一个全面步入 3D 时代的。它已经完美地支持了局域网的多人对战。随后不久,Id Software 又发布了《雷神之锤 2》,这两款游戏的发布确立了 FPS 游戏的绝大多数规则,但是基于当时电脑硬件和网络技术的限制,人们更多地还是把它们当作单机游戏来欣赏,也没有人会去研究 FPS 游戏的对战技巧。1999 年 11 月 30 日,Id Software 发布了具有里程碑意义的《雷神之锤 3》(图 1-15),在当时看来,这款游戏的发布绝对可以用石破天惊来形容,任何赞美之词用在它身上都毫不过分。《雷神之锤 3》是第一款只支持网络对战的游戏,取得了空前的成功。

图 1-12 《命令与征服》

图 1-13 《魔兽争霸》

图 1-14 《雷神之锤》

图 1-15 《雷神之锤 3》

第二节 游戏的类型

现阶段各游戏公司呈现给玩家的游戏样式很多,从内容上可分为如下几类游戏。

一、动作游戏[ACT]

Action Game 的缩写,这个类型囊括的游戏比较广,它是玩家控制游戏里的主角,使用各种武器消灭敌人,扫除阻碍物来过关的游戏,不追求故事情节。电脑上的动作游戏大多脱胎于早期的街机游戏和动作游戏,如《魂斗罗》(图 1-16)、《三国志》《鬼泣》(图 1-17)等系列。靠跳跃为主的卡通风格如《超级马里奥》(图 1-18)、《古惑狼》等。以拳打脚踢为主的硬派风格如《名将》(图 1-19)、《火烧赤壁》(图 1-20)等。动作游戏的设计主旨是面向普通玩家,操作简单、易于上手、紧张刺激,属于"大众化"游戏。

图 1-16 《魂斗罗》

图 1-17 《鬼泣》

图 1-18 《超级马里奥》

图 1-19 《名将》

图 1-20 《火烧赤壁》

二、冒险游戏[AVG]

Adventure Game 的缩写,由玩家控制游戏人物进行虚拟冒险的游戏。故事情节往往是完成一个任务或解开某些谜题,而且在游戏过程中刻意强调谜题的重要性。这类游戏可细分为动作类和解谜类两种。动作类如《生化危机》(图 1-21)系列、《古墓丽影》(图 1-22)系列、《恐龙危机》(图 1-23)等,而解谜类则纯粹依靠解谜拉动剧情的发展,难度系数较大,经典代表是《神秘岛》(图 1-24)系列。

三、其他游戏[ETC]

Etcetera Game 的缩写,一些难以归类的游戏都可以归到它的门下,如《孤儿院》(图 1-25)、《VR 战士》(图 1-26)、《画板王》等均属此列。

图 1-21 《生化危机》

图 1-22 《古墓丽影》

图 1-23 《恐龙危机》

图 1-24 《神秘岛》

图 1-25 《孤儿院》

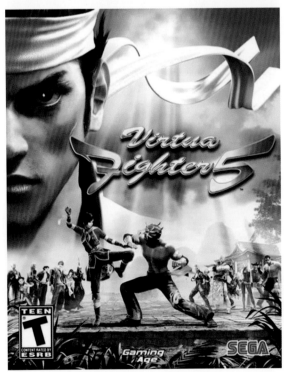

图 1-26 《VR 战士》

四、格斗游戏[FTG]

Fighting Gane 的缩写,在 1995 年以前,人们把格斗游戏叫作动作游戏,但随着次时代大批优秀格斗游戏的诞生,其逐渐与动作游戏分离出来,形成自己的风格。格斗游戏是由玩家操纵各种角色与电脑或另一玩家所控制的角色进行格斗的游戏。按画面呈现的技术可再分为 2D 和 3D 两种,2D 格斗游戏有著名的《街头霸王》(图 1-27)系列、《侍魂》系列、《拳皇》(图 1-28)系列等;3D 格斗游戏有《铁拳》《高达格斗》(图 1-29)等。此类游戏对剧情要求不多,背景展示、场景、人物、操控等也比较单一,但操作难度较大,主要依靠玩家迅速地判断和微妙准确地操作。

图 1-27 《街头霸王》

五、音乐游戏[MUG]

Music Game 的缩写,伴随美妙的音乐来做游戏,附和着音乐的音调和节拍要求玩家翩翩起舞,有的要求玩家做手指体操,以此来培养玩家的音乐敏感性,与音乐互动,增强音乐感知的游戏。例如大家都熟悉的跳舞毯就是个典型,目前人气很高的网络游戏《劲乐团》(图 1-30)也属其列。

图 1-28 《拳皇》

六、益智游戏[PUZ]

Puzzle Game 的缩写,puzzle 的原意是指以前用来培养儿童智力的拼图游戏,引申为各类有趣的益智游戏。总的来说,它比较适合休闲,虽然在游戏里属于电玩小品级的身份,但玩家绝对不比其他任何一种类型少,大家熟知的《俄罗斯方块》(图 1-31)就属于 PUZ 一类。

图 1-29 《高达格斗》

图 1-30 《劲乐团》

图 1-31 《俄罗斯方块》

七、角色扮演游戏[RPG]

Role Playing Game 的缩写,角色扮演游戏始于 20 世纪 80 年代末,由玩家扮演游戏中的一个或数个角色,具有完整而丰富的故事情节。有时玩家可能会与冒险类游戏相混淆,其实区分很简单,角色扮演游戏更强调的是剧情发展和个人体验。从画面精美的《最终幻想 7》(图 1-32)游戏问世起,角色扮演游戏走向了全盛时期。《最终幻想》(图 1-33)系列、《仙剑》《剑侠》等都属于角色扮演游戏。

八、竞速游戏[RAC]

Racing Game 的缩写,此类游戏因 1979 年的《摩纳哥赛车》(图 1-34)而轰动于世。在电脑上模拟各类赛车、赛马、赛艇等运动的游戏,通常是在比赛场景下进行,非常讲究图像音效技术,往往代表电脑游戏的尖端技术。这类游戏惊险刺激、真实感强,深受车迷喜爱,代表作有《极品飞车》(图 1-35)、《山脊赛车》(图 1-36)、《摩托英豪》等。随着游戏硬件的飞速发展,竞速游戏也变得愈具吸引力。

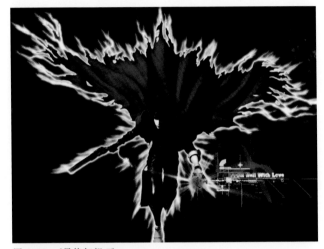

图 1-32 《最终幻想 7》

九、体育游戏[SPG]

Sport Game 的缩写,在电脑上模拟各类竞技体育运动的游戏,如足球、篮球、排球、滑雪、乒乓、网球、羽毛球、田径……花样繁多、模拟度高、广受欢

图 1-33 《最终幻想》

图 1-34 《摩纳哥赛车》

图 1-35 《极品飞车》

图 1-36 《山脊赛车》

迎。这个类型的游戏爱好者应该是所有游戏类型中最多、最广泛的。经典游戏有《FIFA》系列、《NBA LIVE》系列、《实况足球》(图 1-37)系列等。

十、谋略游戏[SLG]

Simulation Game 的缩写,也称模拟游戏,玩家运用谋略与电脑或其他玩家较量,以取得各种形式的胜利的游戏。此类游戏的题材内容涵盖广泛,如恋爱、经营、养成、即时战略、实况模拟等。谋略游戏可分为回合制和即时制两种,回合制谋略游戏有大家喜欢的《三国志》(图 1-38) 系列、《樱花大战》系列;即时制谋略游戏如《命令与征服》(图 1-39)系列、《帝国》系列、《沙丘》等。后来有些媒体将其细分出模拟经营,即 SIM(simulation)类游戏,如《模拟人生》(图 1-40)、《模拟城市》(图 1-41)、《过山车大亨》《主题公园》等。其另一类细分为 TCG(养成类游戏),比如《明星志愿》等。

十一、射击游戏[STG]

Shooting Game 的缩写,射击类游戏因玩家控制的工具不同,分为飞机射击游戏

图 1-37 《实况足球》

图 1-38 《三国志》

图 1-39 《命令与征服》

图 1-40 《模拟人生》

图 1-41 《模拟城市》

游戏色彩基础

和枪战射击游戏。飞机射击游戏是由玩家控制各种飞行物(主要是飞机)完成任务或过关的游戏。此类游戏分为两种,一种叫科幻飞行模拟游戏(Science-Simulation Game),以非现实的想象空间为内容,如《自由空间》《星球大战》系列等。另一种叫真实飞行模拟游戏(Real-Simulation Game),其以现实世界为基础,以真实性取胜,追求拟真,达到身临其境的感觉,如 Lock On 系列、DCS 系列、《苏-27》等。

枪战射击分为第一人称视角射击游戏和第三人称视角射击游戏。第一人称射击游戏典型的有《使命召唤》系列、《毁灭战士》系列、《雷神之锤》系列、《虚幻》《半条命》《反恐精英》(图1-42)……不胜枚举。第三人称视角射击游戏与第一人称射击游戏的区别在于第一人称射击游戏里屏幕上显示的只有主角的视野,而第三人称射击游戏更加强调动作感,主角在游戏屏幕上是可见的,如《生化危机》系列,这个游戏可以归为 AAG,也可以是 TPS;《合金弹头》(图1-43)系列,它也掺杂着 ACT 的部分。《质量效应》系列则是典型的角色扮演类射击游戏。目前,市场上这类游戏还有很多。

十二、桌上游戏[TAB]

Table Game 的缩写,这个类型包含了所有的桌上游戏,是从以前的桌面游戏脱胎到电脑上的游戏,包括象棋、牌类、麻将等。经典的如《大富翁》(图1-44)系列、《拖拉机》(图1-45)、《红心大战》(图1-46)、《麻将》等。

图1-42 《反恐精英》

图1-43 《合金弹头》

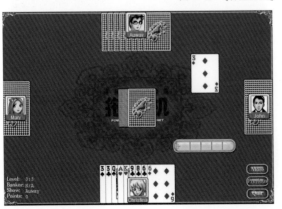

图1-45 《拖拉机》

图1-44 《大富翁》

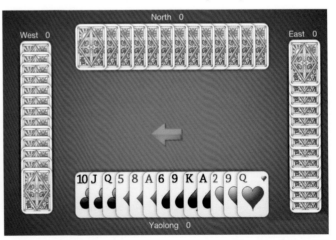

图1-46 《红心大战》

很多游戏的类型不是单一的。如《质量效应》既是角色扮演游戏,又是射击游戏,所以它就是典型的角色扮演类射击游戏。以此类推,谋略游戏+角色扮演游戏=谋略角色扮演游戏;动作游戏+角色扮演游戏=动作角色扮演游戏,等等。

第三节　游戏中的色彩设计

游戏中的美术设计包括造型设计、色彩设计、动画设计和特效设计。本书主要讲解游戏中的色彩设计。但色彩不是单独存在的,而是依附于形体,与其他各要素紧密相关。色彩赋予形体以灵魂,正如声音赋予语言以情感。在人的视觉世界里,色彩是情感的象征,能够传达人的情绪与心理状态,是人的内心世界外化的表现。色彩的作用是强烈的,它除了真实地再现自然之外,还可以根据创作者的意图强化现实,表达特征、特定的情境,等等。色彩本身不能脱离形体成为一门独立的艺术,但却是所有作用于视觉的艺术中的重要元素。

简单地说,动漫游戏中的色彩可分为场景色彩和角色色彩。正确选择动画中的色彩,有助于利用动画中的背景、角色等元素对欣赏者进行心理暗示,达到突出主题的效果。一部动画作品中所使用的色彩能够反映角色的心理、生理变化,表达动画主题及作者的思想感受等,并将其传递给读者、观众,与作者产生共鸣。

一、场景

游戏画面中最多的东西是什么?那就是场景。不同的城市风光、郊外、城区、山洞、北国荒漠、南国湿地、山脉森林,这些都属于场景(图1-47~图1-49)。动画是一种视觉艺术,也是影视艺术的一种。一部出色的动画片,不仅需要丰

图1-47　场影(1)

图1-48　场影(2)

图1-49　场影(3)

富的角色,还需要展示出相当完美的场景。无论是从布局安排,还是造型设计,动画的表现力都需要优秀、动人的场景进行表现与烘托。

第一,给场景定义一个严格的色彩方案,有助于场景风格的确立。色彩方案是指对场景中显示的所有色彩的总体设置。增加的每一种颜色都应与色彩方案的其他色彩有关。一般我们可以通过选择一套数量有限而设置一致的色彩来设计一个高效的色彩方案,按照主调的主要颜色(图 1-50)、辅助颜色(图 1-51)、点缀颜色(图 1-52)进行具体配置,并用这些颜色对场景中的元素进行上色。

第二,做好背景的衬托效果。动画场景设计通常是指以剧本为依据,为某一动画作品中的角色活动和剧情发展的背景空间进行有框架要求的设计。场景设计往往决定了一部作品的总体风格。人们在看一部动画片的时候往往注重的是情节的发展或人物的动作、情感,背景往往容易被人忽视,因为背景起衬托的作用。动画场景色彩的变化是反映出来的视觉效果,牵动着观众的心情,是为了让观众接收作者精心设计布置的故事情节而构成的一个纽带。一部好的片子如果没有好的色彩来表现、衬托,就好像人没有了精神、灵魂,只会变得空虚和空洞。

第三,动画场景中主观色彩的重要性。因为有了主观意识的发挥和存在,才会使许多设计师画同一个景物时色彩的感觉截然不同。他们带着各自的主观意识和习惯作画,通过对主观意识的分析、判断、感觉、思维来完成作品,以达到意象中的艺术境界,这与一千个观众就有一千个哈姆雷特的道理相同。设计师通过反复观察自然景物形成主观意识,进而又通过主观意识对自然景观予以改造,这是存在决定意识又由意识反作用于存在的具体体现。(图 1-53)

图 1-50 主要颜色

图 1-51 辅助颜色

图 1-52 点缀颜色

图 1-53 主观色彩

第四,动画场景的色彩要充分体现游戏画面的纵深空间。现在的游戏从2维、2.5维到3维,都重视画面的真实性。空间感强的游戏场景,不仅使画面更加真实,而且使画面语言更加丰富,能够更好地烘托出游戏界面的气氛。

二、角色

游戏中除了场景以外的能够活动的东西,都属于角色的范畴。玩家选择的角色,游戏中的NPC(非玩家角色),以及玩家需要"杀"的各种各样的怪物,都属于角色的范畴。游戏里的角色可分为四类:人物、飞禽走兽、怪兽及拟人化的生物。下面分说这些角色的色彩设计。

1.人物

游戏色彩要体现人物不同的年龄、性别、性格、身份、民族等特征。对所设计人物的性格描述,如性格内向安静的人,可使用一些冷色、偏灰色、亮灰色、纯度低的色系。(图1-54)活泼开朗、阳光外向的性格适合亮丽的暖色系、纯度高的色彩。(图1-55)性格严肃深沉或阴暗的人适合使用对比不明亮的深暗色彩。(图1-56)温柔内敛、成熟知性的人适合搭配对比微妙柔和的高级灰系列。(图1-57)人物年龄不同,色彩体现亦不同,儿童多用浅嫩的颜色,不仅为了干净卫生,还能衬托儿童白嫩可爱,无瑕疵。少年多用色彩亮丽的纯色。成年人多使用有成熟感的复色和间色。

图1-54　冷色系人物

图 1-55　暖色系人物

图 1-56　深暗色彩人物

图 1-57　高级灰系列人物

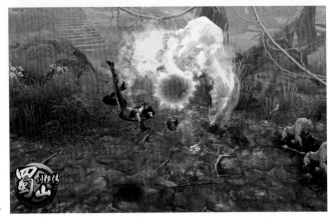

图 1-58　《蜀山剑侠传》中的怪兽

2.飞禽走兽

禽鸟类自身具有丰富的色彩,可根据游戏剧情的需要,选择合适的颜色。比如鸭子,既有白色的、黄色的,也有五颜六色的。白色的看起来纯洁素雅,而黄颜色的鸭子明亮热情,五颜六色的鸭子活泼生动,这是对固有色的选择。在固有色明确的基础上,设计者要搭配好环境色,如鸭子身上的环境色是绿色,就会有清新朝气之感,环境色为蓝色就有阳刚、深沉之感。

3.怪兽

怪兽是通过对动物的变形组合创作出来的形象,因其形象的怪异独特,使玩家感到新奇与刺激。其色彩搭配更要烘托出与众不同的怪异形象,还要表达出独特的性格特色。(图 1-58)

4.拟人化的生物

将动物、植物、机械等拟人化,使其带有人的形象、情感和思维,色彩所具有的表情达意的功能就发挥作用了。其最基本的配色原理就是将动物与人,机械、植物与人的色彩相结合,以实际为依据,搭配出全新的色彩。另外,色彩要符合所拟人物的年龄、性别、性格、身份、民族等特征。(图 1-59)

认识与理解大自然的色彩属性,在此基础上将客观色彩进行主观创造,将会发现色彩具有变幻莫测的魅力。

图 1-59 拟人化的动物

第四节 色彩在游戏中的作用

任何产品的美术设计都需要满足两个基本诉求:功能性和美观性。功能性是作为一款产品的第一基本属性,如车是用来代步的,手机是用来通讯的,衣服是用来遮羞保暖的。而随着生产力与生产水平的提高,单一的使用功能已经不能满足人们对一款产品的诉求。市场上各个品牌的同类产品在功能上往往基本类似,而产品的外观和设计风格往往决定了消费者会去购买哪种产品。由此,美观性在产品设计中的重要性就越来越被重视起来。但是作为大众消费品,功能性应该是第一位的,起码在现阶段还应该是这样。(图 1-60~图 1-62)

对于一款视频游戏来说,它的主要功能就是:玩家通过控制图形图像来跟电脑或者其他玩家进行不同形式的交互,并在交互中达到一定目标,从而产生乐趣。

图 1-60 汽车设计上的微差异化

图 1-61 包豪斯风格的实用性设计(1)

图 1-62 包豪斯风格的实用性设计(2)

图 1-63 『赏金奇兵』新手关

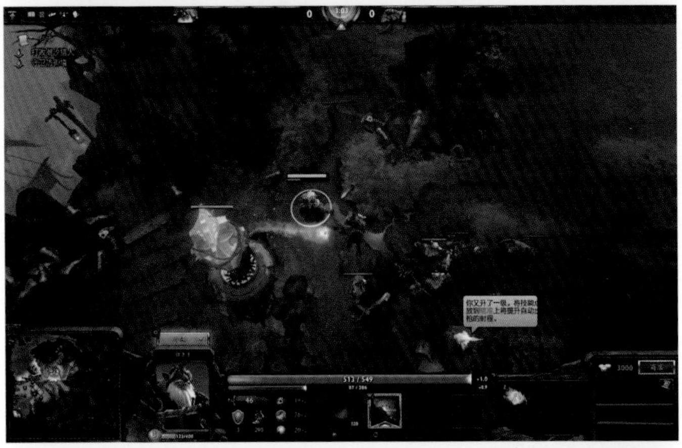

图 1-64 DOTA 2

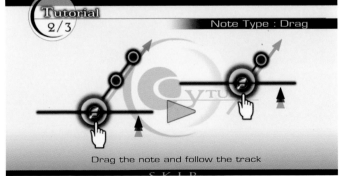

图 1-65 新手教学

把一个玩家玩视频游戏的过程拆分为两个阶段。

第一阶段是学习引导阶段：通过观察，学习并了解游戏的基本信息，包括如何操作控制，如何跟游戏中设定的元素产生互动，并了解游戏的各种目标是什么，通过什么样的手段才能达到这些目标。（图 1-63~图 1-65）

图 1-66　新手任务

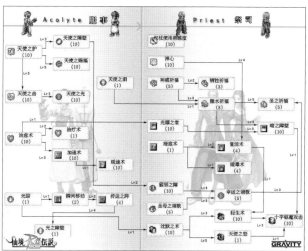

图 1-67　技能树

图 1-68　《暗黑》片头

图 1-69　《魔兽》CG

　　第二阶段就是实际的游戏阶段：通过使用之前学习阶段掌握的技巧，达到游戏设置的各种目标，这也是游戏的主体部分。玩家可能会在游戏过程中遇到更多、更难的新目标，同时也会有更多的新手段需要玩家不断去学习、使用。（图 1-66 、图 1-67）

　　而在不同阶段，图像起到的作用也不尽相同。一般来说，在玩家进入游戏之初，画面更多的作用是吸引玩家，在这个阶段游戏往往通过CG 动画和文字对话等形式，告知玩家该游戏的世界观和故事背景，让玩家有身临其境的感觉。（图 1-68~图 1-70）一个成熟游戏的美术设计往往在前期就能把玩家牢牢吸引住。这个阶段虽然时间很短（从进入游戏到第一个新手

图 1-70　《半条命》CG

任务完成大概只有 2~10 分钟），但是对一个玩家是
否选择继续游戏至关重要。（图 1-71~图 1-74）另
外，除了美观以外，在引导玩家学习的过程中，引导
画面的指示是否到位，决定了玩家是否能轻松上手
进行游戏。这就对整个画面的功能性要求非常高。一
般来讲，在新手玩家对游戏不是十分熟悉的情况下，
画面信息要尽量单纯集中，避免同一画面信息量太
大，导致玩家不能很好地学习游戏而使玩家流失。在游
戏过程中看情节和学操作要尽量分阶段进行。

图 1-71　新手城镇

过了引导学习阶段后，主要的游戏流程又可以
分为战斗和非战斗阶段。从操作密度和玩家精神的
集中程度上来看，战斗阶段往往更为激烈，画面中的
交互元素数量要更多一些，所以画面设计和配色相
对要以满足功能性为主，非战斗阶段主要以在城镇
中与各种功能性 NPC 交互为主，节奏相对舒缓，对故
事情节的交代也主要集中于此，所以画面设计和配
色在满足基本功能的基础上，更多为氛围渲染、情节
交代、意境烘托服务，满足美观性需求。（图 1-75~图
1-78）

图 1-72　新手村

总之，对一款游戏产品来说，画面的功能性和美
观性的需求都是相辅相成的，不同阶段各有侧重，想
要设计好一个视频游戏的画面，除了对美术基本知
识的掌握以外，更多的是需要设计师了解不同游戏
的具体玩法、特点，才能结合玩家实际需要去设计游
戏。接下来会围绕功能性和美观性来具体阐述色彩
在视频游戏中的特点和作用。

图 1-73　新手村环境优美

图 1-74　新手任务

图 1-75　新手引导

图 1-76　《剑灵》战斗画面

图 1-77　BOSS 场景(1)

图 1-78　BOSS 场景(2)

第五节　游戏色彩的独特性

　　视频游戏作为一种立足于互动的娱乐形式而存在,其相对于其他的影视、动画、表演等艺术形式互动性更强,体验过程时间更长,所表现的内容也更为庞大和复杂。所以单从画面角度来说,游戏的画面所要表现的内容比影视动画更复杂也更开放,游戏画面中的用色也因游戏的功能特性,有其独特的需求和表现方式。

一、游戏色彩的功能性

　　视频游戏最大的特点就是互动性。不管是角色扮演游戏中玩家扮演某个游戏中的一个角色与游戏中的其他角色进行交谈、买卖、战斗;还是飞行射击游戏中玩家控制一架战机躲避敌人的子弹,准确击中敌方的飞机;抑或在模拟经营游戏中玩家管理一个农场、收割稻田、饲养动物;或是在消除游戏中,移动各种类型的方块使他们连线、消除。这些游戏中的各种玩法都需要玩家实际地参与进去。如何辅助玩家更好地进行游戏,才是视频游戏画面设计的第一诉求。(图 1-79、图 1-80)

　　在角色扮演游戏里,如何在众多角色中找到自己的角色;在飞机游戏中,如何快速分辨出敌方的子弹;在模拟经验游戏中明确分辨出哪些是需要采集的作物;在消除游戏中看出哪些是同种类型的方块。这些都是游戏画面首先要被满足的设计点。而颜色正是满足这些设计点最直接的手段。

图 1-79 《武装飞鸟》 图 1-80 《卡通农场》

　　一群蓝色怪物里,红色的主角就非常容易被识别。在激烈的空战中,敌机发射的子弹往往是橘黄色的,非常显眼,方便玩家躲避;在模拟经营游戏中,各种复杂的 UI 往往与场景中的颜色区分比较大,方便玩家对 UI 和场景分别操作;在方块消除游戏中,都是用色相来区分方块的类型,3 个红色方块在一起就能消除,3 个蓝色方块在一起也能消除。

　　如果一个角色扮演游戏的玩家不能在一堆角色中很快地找到自己的角色;一个飞机游戏的玩家需要面对一堆非常不容易分辨的子弹或者场景元素;一个模拟经营游戏的玩家面对一堆眼花缭乱的 UI 和场景,根本分辨不出那些功能模块;一个消除游戏的玩家找不到哪几个方块是一个种类……如果这些游戏服务玩家的第一属性不能被满足,那即使画面设计得再精美,这个游戏本身也是失败的。

　　以上这些用色彩进行识别的例子,几乎在各种类型的游戏中都能运用到。

　　从一切设计都是为了满足产品最主要功能的角度来说,色彩所起到的识别作用在视频游戏的画面设计中是最主要的。所以设计者在设计一个游戏画面的配色或者对游戏中的某个元素进行色彩设计时(角色、UI、场景),最先要考虑的就是被设计对象在游戏中的功能。这也要求游戏美术设计者要对所设计游戏的类型有着清晰的认识。一个不了解游戏的人即便美术功底再高,也很难设计出好的视频游戏。

二、游戏色彩的阶段性

我们玩游戏的过程,也是分为不同阶段的,这与游戏中故事的起因、发展、高潮、结局相吻合。另外,除了满足传统的故事性,在游戏中,不同阶段玩家的互动方式和侧重也不尽相同。比如我们玩一款标准的角色扮演游戏,游戏之初大多都是创建或者选择角色,看一些相关的故事背景介绍,然后进入一个新手场景中,学会游戏的基本操作,比如基础的战斗技能和使用道具等。了解基本操作后,大多数的游戏都会把玩家引向一个相对平和的处所,比如新手村,在这里可以接任务、修养、学习等。以新手村为支点,玩家会逐步到游戏中的各种场景与关卡中去探险、发掘,以推动游戏进程。在整个过程中,玩家操作的侧重点是不一样的。有的时候需要去城镇中找一个指定的NPC,有的时候需要在场景中独自面对无休无止的怪物并且打败他们,有的时候需要打开背包找到一个指定物品,有的时候又需要在场景中击破机关陷阱。不同阶段的玩家需要操作的侧重不同,这就决定了不同阶段画面设计的侧重点也要有所不同,相应的色彩设计也就顺理成章了。

除了标准的角色扮演游戏以外,其他游戏类型也是分阶段的:有的阶段关注UI界面,有的阶段关注场景,有的阶段可能会关注各种特效。

总之,一款出色的游戏会把玩家的关注点按照一定的情绪和心理变化,有机地分配到整个游戏的各个过程和阶段中去。有的阶段舒缓,有的阶段跌宕,有的阶段让玩家手忙脚乱,有的阶段又能让玩家很好地放松欣赏。在不同的阶段,利用色彩的不同功能(功能上的、心理上的)去设计游戏画面,同样需要设计者对游戏和色彩有深刻的了解。

三、游戏色彩的运动性

游戏中的交互都是通过玩家控制游戏中的元素来达成的,在交互的过程中则需要大量的动画和特效来实现。这些动画和特效往往会成为一款游戏的重要组成部分,游戏中也大量存在着这种动静对比。所以,在配色设计上也要把所设计元素的动态属性考虑进去。比如想让一个游戏中的物体看起来明显一些,可以把这个物体颜色的色相、明度、纯度朝着醒目的方向去设计。但是如果一个画面中需要有若干同类物体出现,那么都用醒目的颜色则容易抢夺玩家的注意力。所以,在游戏中我们除了用物体本身的颜色设计以外,还可以利用动画或者特效来提醒玩家注意。

从静态画面识别的角度来说,越是灰的、重的、冷的、面积小的物体越不容易被识别,反之越是纯的、亮的、暖的、面积大的物体越容易被识别。

但是游戏的画面永远都是在运动着的。速度变化、大小变化、旋转变化、颜色变化都能提高或者降低一个物体的识别度。

我们也经常可以看到一些单帧的游戏画面,主次物品的颜色看起来并不一定很鲜明。但是当游戏运行起来以后,随着整体画面的动静结合,各个功能性元素就很容易被玩家所区分了。如在《地狱边境》(图1-81)中,游戏画面采取单色,只有在运动状态下才能分清各个元素,当然这只是在极端情况下。

所以,在设计游戏各个元素时,我们也不能只从物体绝对的颜色上去考虑。尤其是在游戏元素众多的情况下，单从静态的颜色形状考虑，很容易捉襟见肘，多利用动态效果是非常聪明有效的办法，也更符合游戏的交互特点。

图 1-81 《地狱边境》

思考与练习

1. 色彩在游戏中具备怎样的美观性？

2. 色彩在游戏中有哪些功能？

第二章
色彩的基本原理

游戏动漫

要点导入:进一步了解色彩的形成、分类、三要素、色立体、色调等色彩的基础知识。色彩的分类、三要素、色调是本章的重点。通过本章的学习要对色彩的本质属性和特征有明确的认识。

第一节　色彩的形成

一、光与色

没有光源就没有色彩,人们凭借光才能看见物体的形状、颜色,从而认识客观世界。那么,什么是光呢？光在物理学上是一种客观存在的物质,是一种电磁波。电磁波包括宇宙射线、X射线、紫外线、可见光、红外线和无线电波等。它们具有不同的波长和震动频率。在整个电磁波范围内,并不是所有的光的色彩都能够被人的肉眼所分辨。只有波长在380纳米至780纳米的电磁波才能为人们的视知觉所感知,称为可见光谱,或叫作光。其余波长的电磁波都是肉眼所看不见的,通称不可见光。如长于780纳米的电磁波叫红外线,短于380纳米的电磁波叫紫外线。这些肉眼不可见的光,有很多已被利用并造福人类,如彩超、X光、红外线治疗仪等。

1666年,英国物理学家牛顿做了一个非常著名的实验,他通过一个小孔将太阳白光用棱镜片分解为红、橙、黄、绿、青、蓝、紫七色色带。牛顿又对每种色光进行再分解试验,发现每种色光的折射率不同,但不能再分解。他又把光谱的各色光用透镜重新聚合,结果又汇合成了与日光相同的白光。由此,牛顿得出两点结论:其一,白光是由很多不同的光混合的结果;其二,两种单色光相混合可出现另一种色光。例如,绿光与红光混合可呈黄光,并与单色的黄光相似,而蓝光与红光相混所出现的品红光,则是光谱中所没有的。

光的来源很多,可分为天然光和人造光两种。天然光源和一般人造光源直接发出的光都是自然光。太阳光、月光、火光属于天然光,其余如灯光、烛光等属于人造光。

太阳是我们最基本的光源。日光被人们感知为白色或是无色的,然而却是多种色光的混合体。它是由红、绿、蓝三色不同的光波按不同比例混合而成,人们把红、绿、蓝三色光称为三原色光。除此之外,光源还可发出其他波长的光波或色光,其结果依然会是白光。如果上述三种基色中有一种缺失,那么混合光就会被感知为某种特定颜色了。

混合三原色光中的两种即可得到一种新的颜色。蓝光和绿光混合后产生青色,红光与蓝光混合生成紫红,红光与绿光混合即为黄色。青、紫红和黄被称为二级色光。增减混合光中各光波的比例即可创造出其他色彩。

二、固有色、物体色、光源色

固有色是指物体固有的色彩属性在常态光源下产生的色彩。对于固有色,有人认为有,有人认为没有。认为没有固有色的人说,没有光,物体就不具备颜色,物体的颜色是因为不同物质对不同的色光吸收或反射不同,所以呈现的色彩不同。绿叶这种物质能反射绿光吸收其他色光,所以看上去是绿的;红花这种物质反射红光而吸收其他色光,所以看上去是红的。而主张有固有色的人认为红花照上红光为什么会显得更红？这是因为它本身具有红色素，它的红色已经饱和，所以全部反射出来；而将红光照到绿叶上，绿叶会变成黑色，这是因为绿叶中没有红色素，它全部吸收，自然会成为黑色的；而白色物体上没有任何色素，所以反射全色光。由此可见，物体的颜色并不是固定不变的。

光学物理实验发现，光线照射到不同的物体上之后具有不同的反光曲律，这种曲律人们称为色素。例如：红色物体，它的曲律能反射红光，也就是说它的曲律能反射 640 纳米至 750 纳米的电磁波，如果红光照在上面，即可产生同步共振的效应，使红光反射回来，只有一部分红光在共振时消耗其能量。所以，我们看到它为红色，也称该物体反射红光。如果是其他色光照在上面，因为曲律不同而产生波长的干扰作用，所产生的干扰波不一定是多少，如果是 550 纳米至 600 纳米的黄光照在红色物体上，可能会产生类似 600 纳米至 640 纳米的干扰波，即类橙色，这就是所谓黄光被吸收。黑色之所以吸光，就是因为色光照在它上面不能产生同步共振的返回，所有不同波长电磁波被干扰，干扰后即将光能消耗在干扰之中，产生热量，这就是黑色吸光的作用。而白色物体能将七色光的电磁波大部分同步共振地反射回来，仅有一小部分在共振时消耗能量，所以，我们称它反光率高，有凉爽感。这就是物体反射不同色光的原理。

另外，任何物体对光都具有吸收、透射、反射、折射的作用。

红色光的波长最长，它的穿透性也最强，而波长较短的蓝、靛、紫等色色光透射性就小。比如：清晨和傍晚的太阳为什么是红色的？这是因为此时的太阳光需要穿过比中午几乎要厚三倍的大气层，这是空气分子和其他微粒对入射的太阳光进行有选择性散射的结果。除了红、橙色光，其他的许多色光被吸收、折射或反射了。在此期间，大部分蓝紫色光被折射在大气层及水蒸气里，因此晴天天空是蓝色的。而到达地面上的太阳光大部分是红橙色，所以清晨和傍晚的太阳看上去是红色的。（图 2-1）

同一物体在不同的光源下将呈现不同的色彩。白纸能反射各种光线，红光照射下呈现红色，黄光照射下呈现黄色，可见，不同色素的光源能影响物体的颜色。除光源色以外，光源色的光亮强度也会对照射物体产生影响，强光下的物体会变得明亮浅淡，弱光下的物体色会变得模糊不清，只有在中等光线强度下的物体色最清晰可见。

图 2-1　红色的太阳

第二节　色彩的分类

所有的色彩都是由红、黄、蓝三原色（图 2-2）与无色系黑、白、灰调配而形成。这些色彩可分成两大色系：无色系和有彩色系，有彩色系又可分成冷色系和暖色系。

图 2-2　三原色

27

一、三原色

色彩三原色由红、黄、蓝三色构成。原色是指不能通过其他颜色的混合而调配出的"基本色"。颜料三原色是品红(相当于玫瑰红、桃红)、品青(相当于较深的天蓝、湖蓝)、浅黄(相当于柠檬黄)。以不同比例将原色混合,可以产生出其他的新颜色。红色与黄色混合,可得橙色;红色与蓝色混合,可得紫色;蓝色与黄色混合,可得绿色;橙色与黄色混合可得橘黄色。

色光三原色是指红、绿、蓝三色,它们各自对应的波长分别为700纳米、546.1纳米、435.8纳米。光的三原色和物体的三原色是不同的。光的三原色按一定比例混合可以呈现各种光色。根据托马斯·杨和赫尔姆豪兹的研究结果,这三种原色确定为红、绿、蓝(相当于颜料中的大红、中绿、群青的色彩感觉)。

二、无色系

无色系是指黑色、白色以及由黑和白两色相融而形成的各种深浅不同的灰色。(图2-3)从物理学的角度来看,它们不应包括在可见光谱中,不能被称为色彩,但从视觉生理学、心理学上来讲,它们具有完整的色彩性质,应包括在色彩体系中。在色彩中,无色系在视知觉和心理反应上与有色系一样具有重要意义。无色系的色彩按照一定的变化规律,可排成一个系列,由白色渐变成浅灰、中灰、深灰一直到黑色,具有明度的属性,当某一种色彩分别被调入黑色、白色时,前者会显得较暗(图2-4),而后者会显得较亮(图2-5),如果加入灰色则会降低色彩的纯度(图2-6)。

图2-3　从黑到白的渐变

图2-4　色彩里加黑色

图2-5　色彩里加白色

图2-6　色彩里加入灰色

三、有彩色系

有彩色系是指红、橙、黄、绿、青、蓝、紫等基本色,这些基本色之间不同量的混合、基本色与无彩色之间不同量的混合所产生的无数种颜色都属于有彩色。也就是说,除了黑、白、灰以外的所有颜色,都可以成为有彩色。有彩色系都具有色相、纯度和明度。在游戏中,有时会运用有彩色和无彩色的结合来增加游戏界面的艺术语言。(图2-7、图2-8)

四、冷色与暖色

有彩色系可分为暖色和冷色。各种各样的黄色与红色因为具有太阳和火的色彩,称为暖色。顾名思义,暖色调的画面给人的感觉是温暖、热情(图2-9)。各种各样的绿色与蓝色称为冷色。而冷色调的画面给人以旷远、冷静、凉爽的感受(图2-10)。

五、特别色

在实际使用过程中,不属于上述种类的色彩称之为特别色,也是极色,是质地坚实、表层光滑、具有反光强烈特点的金属色与玻璃和塑料等物体色。如金、银、铜、铁、铝、塑料、玻璃等,受光面和高光极为明亮,反光明显,暗部很深。金色辉煌富贵,银色润泽现代(图2-11),铜色沉重古旧,铁的颜色刚毅朴实。特别色在使用时的视觉效果与上述种类不同,它可以丰富设计师的表现技巧。

图 2-7　有彩色和无彩色结合(1)

图 2-8　有彩色和无彩色结合(2)

图 2-9　暖色调的画面

图 2-10　冷色调的画面

图 2-11　银色的使用

游戏色彩基础

第三节　色彩的三要素

我们所看到的一切色彩，都具有明度、色相和纯度三种要素，它们也是色彩构成的最基本元素。

一、明度

色彩的明度是指色彩的明暗程度。比如，浅绿、草绿、中绿、墨绿等绿颜色在明度上就不一样，浅绿颜色亮，墨绿颜色深。天蓝、钴蓝、普蓝等蓝颜色在明度上也不尽相同。这些颜色在明暗、深浅上的不同变化，也就是色彩的明度变化，是色彩很重要的要素之一。

同一颜色的物体在光的照射下，受光的部分颜色浅，明度高；逆光的部分颜色深，明度低。(图 2-12)在同一种颜色中，加入黑色则颜色变深，明度降低；加入白色则颜色变浅，明度提高。但同时它们的纯度也会降低。

在无色系中，明度最高的色为白色，明度最低的色为黑色，中间存在一个从亮到暗的灰色系列。

在有彩色系中，任何一种纯度色都有着一种明度特征。黄色为明度最高的色，紫色为明度最低的色。黄色比橙色亮、橙色比红色亮、红色比紫色亮、紫色比黑色亮。(图 2-13)

明度在色彩的三要素中具有较强的独立性，它可以不带色相的特征而通过黑白灰的关系单独呈现出来。色相和纯度则必须依赖一定的明暗才能显现，色彩一旦发生，明暗关系就会同时出现。明度是色彩关系的骨骼，具有极其重要的地位。

二、色相

色彩的色相是指每一种色彩所固有的相貌，是区别各种不同色彩的最准确的标准。在可见光谱中，人的视觉能感知到的红、橙、黄、绿、青、蓝、紫这些不同特征的色彩，就是人们所感知的最直观的色彩印象，具有很明确的色彩外貌特征。如果说明度是色彩关系中内在的骨骼，那么色相就是色彩的外貌。它可以体现色彩外在的性格，很容易让人感知到。

在可见光谱中，红、橙、黄、绿、青、蓝、紫每一种色相都有自己的波长与频率，它们从短到长按顺序排列，就像音乐中的阶级顺序，有序而和谐，雨后七色彩虹的顺序就是光谱的排列顺序，也是色相环的

图 2-12　受光与逆光的明度

图 2-13　不同色相的明度

排列顺序,它是大自然最美的景色。波长和频率的微妙变化,就会呈现不同的色相,即便是同一类颜色,也能分为几种色相,如红颜色可以分为深红、大红、朱红等,绿颜色可以分为深绿、草绿、橄榄绿等。人的眼睛能够分辨出大约180种不同色相的颜色。

在应用色彩理论中通常用色相环来表示色相的排列,且呈现循环的排列顺序。最简单的色环是由光谱六色相之间增加一个过渡色相:红与橙之间增加红橙色,橙与黄之间增加黄橙色,黄与绿之间增加黄绿色,依此类推,还可增加蓝绿、蓝紫、紫红各色,构成12色相环(图2-14)。从人眼的辨别力来看,12色相环是很容易被人分清的色相。相邻色相过渡得越多,色差越微妙柔和。如果再进一步找出其中间色,便可以得到24个色相(图2-15)。色彩的成分越多,色彩的色相越不鲜明。12色相环每一色相间距为30度,24色相环每一色相间距为15度。

三、纯度

色彩的纯度也叫色度或饱和度,指的是色彩的鲜艳程度或色彩的纯粹程度。它取决于一种颜色的波长单一程度。我们的视觉能辨认出饱和度的色彩,都具有一定程度的鲜艳度,比如蓝色,当它混入了白色时,虽然具有蓝色相似的特征,但它的鲜艳度降低了,明度提高了,成为浅蓝色;当加入黑色时,同样鲜艳度降低了,但明度变暗了,变成了蓝黑色;当混入与蓝色明度相似的中性灰时,它的明度没有改变,纯度降低了,变成了蓝灰色。

我们视觉所能辨认的色彩不仅明度不同,纯度也不同。红色是纯度最高的颜色。黄色和蓝色纯度也很高,也就是说三原色是纯度最高的颜色。高纯度色相加白或加黑,可以提高或减弱其明度,但都会降低它们的纯度,加入中性灰色,也会降低色相纯度。有了纯度的变化,才使色彩具有多姿多彩的韵味和美感。

三原色是最纯的颜色,亦称第一次色,一切色彩都是由它们混合而成,而其自身是不能由别的色彩来调配而成的。由两种原色混合而成的色彩,我们称为间色,比如红+黄=橙,红+蓝=紫,黄+蓝=绿,那么

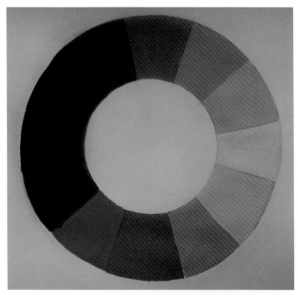

图2-14　12色相环

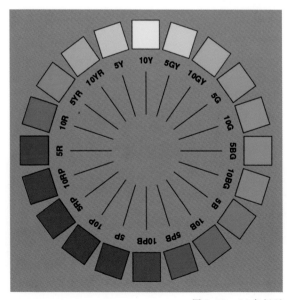

图2-15　24色相环

橙色、紫色、绿色就是间色,间色的纯度比原色的纯度低(图 2-16)。间色和间色相混即为复色,比如橙+紫=橙紫,橙+绿=橙绿,紫+绿=紫绿等,橙紫、橙绿、紫绿即是复色,复色的纯度最低(图 2-17)。

纯度体现了色彩内在的性格。同一色相,即使纯度发生了细微的变化,也会立即带来色彩性格的变化。在实际的设计工作及日常生活中,色彩纯度的选择往往是决定一块颜色的关键,只有对色彩纯度的控制达到精妙的程度,才可以算是一个严格的、经验丰富的色彩设计家。

第四节　色立体

由于色彩具有色相、纯度、明度三方面的特征,它们同时存在,缺一不可。而所有的二维色彩图像都展示不了色彩三要素的全部特征,于是,色彩学家们研究了色彩的立体式的三维表示方法,即将色彩按照三属性,以立体三维式的形式,将色彩进行有秩序的整理、分类,进而组成新的系统的色彩体系,从而同时、全面地体现色彩的明度、色相、纯度之间的关系,我们简称色立体。

色立体是将千变万化、纷乱复杂的色彩系统化,按照它们各自的特性,以一定的规律和秩序排列,并用字母、编号代替色名,成为国际通用的表示色彩的方法,它使我们更清楚、更标准地理解色彩,确切把握色彩的分类和组织,有助于对色彩进行完整的逻辑分析。通过色立体,我们不仅可以更系统地了解色彩的变化及其规律,而且可以根据一定的设计要求,在色立体中寻找色彩的优化组合。最具代表性的是孟塞尔色立体、奥斯特瓦尔德色立体以及综合与修正了这两种色立体的日本色彩研究所的色立体。

一、孟塞尔色立体

阿尔伯特·H·孟塞尔(Albert H. Munsell,1858—1918)是美国的教育家、色彩学家和美术家。于 1898 年创制的以他的名字命名的孟塞尔色立体,在 20 世纪 30 年代被 USDA(美国农业部)采纳为泥土研究的官方颜色描述系统,至今仍是比较色法的标准。他所创立的色立体是从心理学的角度,根据颜色的视知觉特点所制定的标色系统。基本结构是以从黑到白等分为 11 个明度色阶的黑灰白序列为中心轴,从

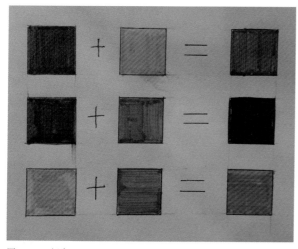

图 2-16　间色

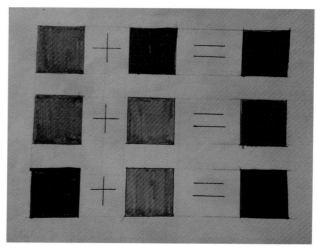

图 2-17　复色

游戏色彩基础

中心轴的水平方向向周围展开,包括 10 个主要色相的等明度、纯度变化序列,这样就构成一个以上下垂直方向表示明度变化,以圆周的位移表示彩度变化,以某色距中心轴的远近表示纯度变化的三维空间的立体结构。(图 2-18)

孟塞尔色立体的 10 个主要色相,分别用英文字母 R(红)、YR(橙)、Y(黄)、GY(黄绿)、G(绿)、BG(蓝绿)、B(蓝)、PB(蓝紫)、P(紫)、RP(红紫)表示。每一个主要色相又划分成 10 个过渡色阶。这样围绕圆周,共有 100 个色相。各色相从 1 到 10 的编号中,第 5 号代表色相,而位于色环直径两端的色相为互补色关系。(图 2-19)

二、奥斯特瓦尔德色立体

奥斯特瓦尔德色立体是由德国化学家、诺贝尔奖获得者威廉·奥斯特瓦尔德(Wilhelm Ostwald,1853—1932)所创立的。此色彩体系是以黄、橙、红、紫、蓝紫、蓝、黄绿、绿 8 个主要色相为基础,各主色再分为 3 等分,形成 24 色相环。每种色相以居中的 2O、2R、2P……为主要色相的代表色。色相分别以 1~24 的数字符号来表示,色环上相对的纯色为补色关系。奥斯特瓦尔德色立体与孟塞尔色立体的不同之处在于前者侧重于纯色、黑与白三者的含量比较,而对各纯色的明度差别未作表示。(图 2-20)

三、日本色彩研究所色立体

日本色彩研究所色立体是在 1951 年由和田三造主持,日本色彩研究所制定的一个实用的、以色彩调和为主要目的的色彩体系。它既兼有孟塞尔和奥斯特瓦尔德两种色彩体系的长处,又具有新的特点,它把明度、纯度结合为色调,以色相的编号和色调(明度和纯度的和)来表示色彩,选择配色时能得到较为具体的色彩概念。色相环以红、橙、黄、绿、蓝、紫 6 个主要色相为主,各自展

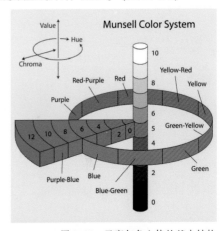

图 2-18 孟塞尔色立体的基本结构

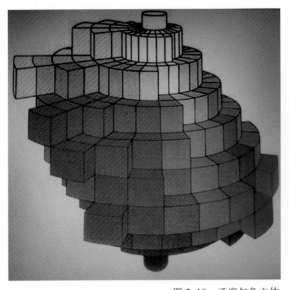

图 2-19 孟塞尔色立体

图 2-20 奥斯特瓦尔德色立体

开配成 24 个色相,从红编号为 1,到紫编号为 24,色相环上相对的纯色为互补色。它注重色彩设计应用的方便性,是很实用的配色工具。(图 2-21)

第五节　色调

　　色调是一幅色彩作品的总的色彩倾向和特征,是一幅画的主旋律,是色彩的"大关系"。在大自然中,我们会经常见到这样的景象:宁静的村庄被笼罩在一片金色的阳光之中;大雪过后,放眼望去,一片银白色的世界;晴朗静寂的夜晚景色笼罩在一片淡蓝色的月色之中。这种在不同颜色的物体上,笼罩着某一种色彩,使不同颜色的物体都带有同一色彩倾向的色彩现象就是色调。色彩具有色相、明度、纯度三种属性,与色彩的冷暖性质相结合,构成了色相、明度、冷暖、纯度四个方面来定义一幅作品的色调。

一、从色相的角度划分

　　从色相的角度划分,色调可分为红色调(图 2-22)、黄色调(图 2-23)、绿色调(图 2-24)、蓝色调(图 2-25)、紫色调(图 2-26)等。

图 2-21　日本研究所色立体

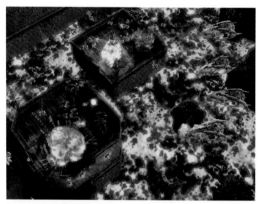

图 2-22　红色调

图 2-23　黄色调

图 2-24 绿色调

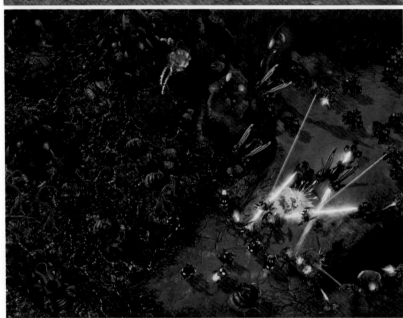

图 2-25 蓝色调

图 2-26 紫色调

35

1.单色调:只用一种颜色在明度和纯度上作调整,间用中性色。这种方法有很明确的个人化倾向,易形成一种风格,很协调。如采用单色调,需要注意的是中性色必须做到非常有层次,同时明度的层次也要拉开,才可以达到设计者想要的效果。(图2-27)

2.调和调:邻近色的配合。这种方法是采用色相环中邻近的色彩作配合,但易单调,必须注意色彩的明度和纯度,尽量在画面的局部采用少量小块的对比色以达到协调的效果。(图2-28)

3.对比调:易造成不和谐,必须加中性色加以调和。(图2-29)

二、从明度的角度划分

从明度的角度划分,色调可分为明色调(高调)(图2-30)、暗色调(低调)(图2-31)、灰色调(中调)(图2-32)。同样是绿色调可以有高调和低调之分,同样的冷色调或暖色调也有高调和低调的分别。高调

图2-27　单色调

图2-28　调和调

图 2-29　对比调

图 2-30　明色调

图 2-31　暗色调

图 2-32　灰色调

绘画的色彩亮度高,色彩之间的明度对比弱(明暗反差小),画面特点是清淡、高雅、明快。而低调绘画在色彩上用色浓重、浑厚、亮度低,色彩的明暗对比强烈,画面特点是深沉、结实、富于变化。不同的色彩明暗对比能够创造出丰富的色调变化。

三、从纯度的角度划分

从纯度的角度划分,色调可分为艳色调(图2-33)与灰色调(图2-34)。纯度最高的色彩就是原色,随着纯度的降低,就会变为暗淡的、没有色相的色彩。当纯度降到最低时,色彩就会彻底失去色相,变为无彩色。从色调的纯度对比来看,纯度弱对比的画面视觉效果比较弱,形象的清晰度较低,适合长时间

图2-33 艳色调

图2-34 灰色调

图2-35 纯度弱对比

图2-36 纯度强对比

及近距离观看。(图2-35)纯度中对比是最和谐的,画面效果含蓄丰富、主次分明。纯度强对比会出现鲜的更鲜、浊的更浊的现象,画面对比明朗、富有生气,色彩认知度也较高。(图2-36)

如将灰色至纯鲜色分成10个等差级数,通常把1~3划为低纯度区,8~10划为高纯度区,4~7划为中纯度区。在选择色彩组合时,当基调色与对比色间隔距离在5级以上时,称为强对比;3~5级时称为中对比;1~2级时称为弱对比。据此可划分出9种纯度对比基本类型。

图 2-37　暖色调

图 2-38　冷色调

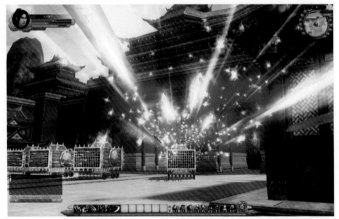

图 2-39　明度高的暖色调

四、从色性方面划分

从色性分面划分，色调可分为暖色调与冷色调。红色、橙色、黄色为暖色调（图 2-37），象征着太阳、火焰；蓝色、绿色为冷色调（图 2-38），象征着森林、大海、蓝天；黑色、紫色、绿色、白色为中间色调。暖色调的亮度越高，其整体感觉越偏暖（图 2-39），冷色调的亮度越高，其整体感觉越偏冷（图 2-40）。冷暖

图 2-40　明度高的冷色调

图 2-41　绿色的草原

色调也只是相对而言，譬如说，在红色系中，当大红与玫红在一起的时候，大红就是暖色，而玫红就被看作是冷色。又如，玫红与紫罗兰同时出现时，玫红就是暖色。

色调是一种独特的色彩美感形式，它具有较强的主观性、情绪性。对色调进行主观处理，能体现作者的情感、趣味、审美、意境等设计意图，具有其他艺术手段所无法替代的表现力和感染力。

图 2-42　碧蓝的海洋

图 2-43　银白色的雪景

图 2-44　黄澄澄的麦田

图 2-45　青山绿水的江南

图 2-46　葱翠的树木

形成色调的自然因素有地理环境、气候、季节、时间和光线等,这些因素可以产生千变万化的色调变化。不同的自然环境会形成不同的色调,如夏季里一望无垠的绿色草原(图2-41)、晴空下碧蓝的海洋(图2-42)、冬季里银白色的雪景(图2-43)、秋日黄澄澄的麦田(图2-44)、青山绿水的江南(图2-45)、葱翠的树木(图2-46)、傍晚太阳落山的红霞(图2-47)。春夏秋冬的季节变迁,都会显现出不同的色调。

　　艺术家和设计师根据自然形态的色调美,进行提炼、加工,并运用到艺术作品中,使作品具有更强烈的美感和感染力。

图2-47　太阳落山的红霞

思考与练习

1. 选一张冷色调的作品,将其换成暖色调,明度不变,并体会两张作品的不同之处。

2. 将一张色彩纯艳的作品变成复色,体会其变化。

第三章
动漫游戏色彩的美观性
表现及不同题材的配色技巧

要点导入：从美学的角度来探讨游戏中的色彩配置方法。色彩配色的各种调和色和对比色是本章的重点。通过本章的学习掌握不同题材的表现技巧。

第一节　色彩的对比

色彩的对比包括色相对比、明度对比、纯度对比、冷暖对比。

一、色相对比

当两种或两种以上的颜色放在一起时，在比较中呈现色相的差异，从而形成的对比现象，称为色相对比。比如，比较青绿和草绿，就会感觉青绿里带蓝味，草绿里带黄味，两色对比，各自的特征就更为明确了。（图3-1）对比的强弱决定于色相在色相环上的距离，距离越远，对比越强。

1.原色对比

红、黄、蓝三原色是色相环上最极端的色彩，各自独立存在，不能由别的颜色混合而生成，却可以调和出色相环上其他所有的颜色。它们之间的对比最强的属色相对比。如果一个画面的色彩是由两个或三个原色完全统治，就会令人感受到一种强烈的色彩冲突(图3-2)，这样的色彩对比很难在自然界的色调中出现，它似乎更具精神的特性。因此，世界上许多国家都选用原色作为国旗的颜色，京剧的脸谱也使用三原色来突出人物的性格特征。

红色与黄色并置，会发生同时作用，红色偏向玫瑰色味，黄色偏向柠檬黄味，在两色相邻处，这种变化最突出，红与黄搭配，红色既不像与绿色搭配时有视觉上的和谐感，也不像与橙色相邻时所具有的主动性，红色不能征服黄色，黄色亦不能征服红色。(图3-3)恐怕这就是来自原色的力量吧。这样的情况也会发生在黄与蓝(图3-4)、蓝与红的对比中(图3-5)。

2.间色对比

橙色、绿色、紫色为原色相混所得的间色，其色相对比略显柔和，自然界中事物的色彩呈间色为多，许多果实都为橙色或黄橙色，紫色的花朵、绿色的叶子，这些间色的对比具有活泼、亲近、鲜明又具天然美的特性。(图3-6)

图3-1　绿色的对比

图3-2　三原色对比

3.邻近色对比

在色相环上顺序相邻的基础色相,如红与橙、黄与绿、橙与黄这样的色彩并置关系,称为邻近色相对比,属色相弱对比范畴。如红与橙,橙色里有红色的元素,所以它们在色相因素上自然有相互渗透之处,但在可见光谱中仍具有明显的相貌特征。邻近色对比的最大特征是具有明显的统一调性,或为暖色调,或为冷色调,或为冷暖中调。同时在统一中又不失对比的变化。(图3-7、图3-8)

图3-3 原色红与黄的对比

图3-4 原色黄与蓝的对比

图3-5 原色蓝与红的对比

图3-6 间色对比

图3-7 邻近色对比(1)

图3-8 邻近色对比(2)

4.类似色对比

在色相环上非常邻近的色,如红与紫红、朱红、橙红这样的色相对比,称为类似色相对比。它是最弱的色相对比效果。类似色相对比在视觉中能感受的色相差很小,调式统一,常用于突出某一色相的色调,注重色相的微妙变化。(图3-9、图3-10)

5.补色对比

在色相环直径两端的色为互补色。确定两种颜色是否为互补关系,最好的办法是将它们相混,看看能否产生中性灰色,如达不到中性灰色,就要对色相成分进行调整,才能找到准确的补色。

补色的概念出自视觉生理所需要的色彩补偿现象。当我们长时间地盯住一红颜色的图形时,视觉是会产生疲劳的。这时看一张白纸,纸上就会幻出一个相同形状的绿色的图形。这个绿色就是红色的补色,是我们视觉生理所需要的颜色,符合眼睛的需要。一对补色并置在一起,可以使对方的色彩更加鲜明,互相不破坏对方的特性。

三原色可以调配所有的色相,也就是说,三原色包含了所有的色相。所以互补色有三组:红与绿、黄与紫、蓝与橙。不同红色的补色是不同的绿色,不同蓝色的补色是不同的橙色,不同黄色的补色是不同的紫色。紫色与黄色由于明暗对比强烈,色相个性悬殊,因此成为三对补色中最为突出的一对(图3-11);蓝色与橙色明暗对比居中,冷暖对比最强,是最活跃生动的色彩对比(图3-12);红色与绿色明暗对比近似,冷暖对比居中,在三对补色中显得十分优美,由于明度接近,两色之间互相强调的作用非常明显,有炫目的效果(图3-13)。

图3-9 类似色对比(1)

图3-10 类似色对比(2)

图3-11 紫色和黄色对比

图3-12 蓝色和橙色对比

46

二、明度对比

每一种颜色都有自己的明度特征。最亮的颜色是黄色,最暗的颜色为紫色,当它们并置在一起的时候,视觉除了分辨出它们的色相不同,还会明显感觉到它们之间明暗的差异,这就是色彩的明度对比。(图 3-14)

由于视网膜杆体细胞中紫红质在明暗视觉中的代谢作用,眼睛会产生对明暗视觉的补偿,即在同时对比中对颜色明度认识的偏离。一个灰色,当它置于亮底上时,看上去很重,置于暗底之上时,似乎变得比原来更亮了,以至于眼睛很难相信它们是同一个明度的灰色。(图 3-15) 在色彩的对比中,也会发生明暗的错觉。比如,橙色在黄色底上显得很重,但放在深红的底色上就变得非常明亮了,在两种颜色的边缘部分,这种对比非常明显。(图 3-16)

明度对比大体划分为三种对比关系。以孟塞尔色立体的明度色阶表作为划分明暗等级的参照标准。该表从黑至白共有 11 个等级,凡颜色明度差在 3 个级数差之内的为明度弱对比,在 3~5 个级数之内的为明度中间对比,在 5 个级数差以上,为明度强对比。(图 3-17)

图 3-13　红色和绿色对比

图 3-14　黄色和紫色对比

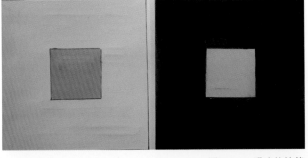

图 3-15　明暗的补偿

图 3-16　明暗的错觉

图 3-17　11 个明度阶

三、纯度对比

纯度对比是指较鲜艳的颜色与含有各种比例的黑、白、灰的这种色彩,如一个鲜艳的红色与一个含灰色的红相比较,能感觉出它们在鲜浊上的差异,这种色彩性质上的比较,称为纯度对比。纯度对比可以体现在同一色相不同纯度的对比中,也可以体现在不同的色相对比中。纯红与纯绿相比,红色的鲜艳度更高;纯黄与黄绿相比,黄色的鲜艳度更高。三原色是最纯的颜色。

可以用四种办法降低色彩的纯度。

1.加白。在纯色中混合白色可以降低纯度,提高明度,同时色性偏冷。各色混合白色以后会产生色相偏差。(图 3-18)

2.加黑。纯色混合黑色,降低了纯度,又降低了明度。各色加黑色后,会失去原来的光亮感,而变得沉着、幽暗。(图 3-19)

3.加灰。纯色加入灰色,会使色味变得浑浊。相同明度的纯色与灰色相混,可以得到相同明度而不同纯度的含灰色,具有柔和、含蓄、不明朗、软弱等特点。(图 3-20)

4.加互补色。加互补色等于加深灰色,因为三原色相混合得深灰色,再加适量的白色可得出微妙的灰色。(图 3-21)

我们可将一个纯色与无彩色灰等比例混合,建立一个 11 级纯度色标并据此划分三个纯度基调。位于纯度色阶两端的饱和色或近似饱和的色,与中间近似灰色相比较,产生纯度强对比;在色阶上间隔大约 3~5 个等级的对比属纯度中等对比;间隔只有 1~2 个等级属于纯度弱对比。

图 3-18　纯色加白色

图 3-19　纯色加黑色

图 3-20　纯色加灰色

图 3-21　纯色加互补色

低纯度基调具有脏灰、黑暗、阴沉的特点。(图 3-22)

中纯度基调具有温和、柔软、沉静的特点。(图 3-23)

高纯度基调具有强烈、鲜明、色相感强的特点。(图 3-24)

为了加强色彩的感染力,不一定依赖色相对比,有时一堆鲜艳的纯色堆在一起倒显得吵闹杂乱,相互排斥和削弱,无法突出某一主色。只有降低辅色的纯度,才能起到衬托主色的作用,从而主次分明,主体突出。

四、冷暖对比

利用冷暖差别形成的色彩对比称为冷暖对比。在色相环上我们把红、橙、黄划为暖色,把橙色称为暖极;把绿、青、蓝划为冷色,把天蓝色称为冷极。

1.色彩冷暖的强、中、弱对比

冷暖极强对比,暖极与冷极色的对比(橙色与蓝色)。(图 3-25)

冷暖的强对比,暖极与冷色、冷极与暖色的对比(橙色与绿色、蓝色与黄色、蓝色与红色)。(图 3-26)

图 3-22　低纯度基调

图 3-23　中纯度基调

图 3-24　高纯度基调

图 3-25　橙色与蓝色对比

图 3-26　蓝色与红色对比

冷暖的中对比,暖色与中性微冷色,冷色与中性微暖色的对比(黄色与绿色、紫色与红色)。(图 3-27)

冷暖的弱对比,暖色与暖极色、冷色与冷极色的对比(红色与黄色、蓝色与绿色)。(图 3-28)

2.冷、暖色在使用时带来的心理感觉

在温度上:

冷暖本来是人们自身对外界温度高低的感觉。在条件反射下,一看见红橙色就会感觉到暖暖的,一看见蓝绿色,就会产生冷的感觉。冬天,盖一床暖色的被褥,就会有暖暖的感觉。反之,夏天的时候盖一床浅冷色被褥,会有一种凉爽的感觉。

在重量感、湿度感上:

暖色偏重,冷色偏轻;暖色干燥,冷色湿润。颜色深的色彩吸光,颜色浅的色彩反光,所以,在无彩色系中,把白色称为冷极,把黑色称为暖极。

在空间感上:

暖色有前进和扩张感,冷色有后退和收缩感,这就是我们常说的近暖远冷。

色彩的冷暖受明度、纯度的影响,在无彩色系中,把白色称为冷极,把黑色称为暖极,暖色加白变冷;冷色加白变暖。纯度越高,冷暖感越强;纯度降低,冷暖感也随之降低。

第二节　色彩的调和

色彩的调和是相对色彩对比而言的,是指两种或多种颜色统一而协调地组合在一起,能使人愉快,满足人们心理平衡的色彩搭配关系。如果说色彩对比是追求色彩的差别,那么色彩的调和则是为了达到色彩的关联,追求色彩的多样与统一。

一、色彩的同一与近似调和

这两种调和强调色彩要素中的一致性关系,追求色彩关系的统一。

1.同一调和

在色相、明度、纯度三种要素中有某种要素完全相同,变化其他的要素,被称为同一调和。当三种要素中有一种相同时,称为单性同一调和,有两种要素相同时称为双性同一调和。

图 3-27　黄色与绿色对比

图 3-28　蓝色与绿色对比

单性同一调和。

同一明度调和(变化色相与纯度)。(图 3-29)

同一色相调和(变化明度与纯度)。(图 3-30)

同一纯度调和(变化明度与色相)。(图 3-31)

双性同一调和。

同色相又同纯度调和(变化明度)。(图 3-32)

同色相又同明度调和(变化纯度)。(图 3-33)

同明度又同纯度调和(变化色相)。(图 3-34)

图 3-29　同一明度调和

图 3-30　同一色相调和

图 3-31　同一纯度调和

图 3-32　同色相、同纯度调和

图 3-33　同色相、同明度调和

图 3-34　同明度、同纯度调和

双性同一调和比单性同一调和更具有一致性,因此同一感极强,特别是在同色相又同明度的双性同一调和关系中,色彩近乎令人感到单调,在这种情况下,只有加大纯度对比的等级,才能使它具有调和感。

2.近似调和

　　在色相、明度、纯度三种要素中,有某种要素近似,变化其他的要素,称为近似调和。由于统一的要素由同一变化为近似,因此近似调和比同一调和的色彩关系有更多的变化因素。

　　近似色相调和(主要变化明度、纯度)。(图3-35)

　　近似明度调和(主要变化色相、纯度)。(图3-36)

　　近似纯度调和(主要变化明度、色相)。(图3-37)

　　近似明度、色相调和(主要变化纯度)。(图3-38)

　　近似色相、纯度调和(主要变化明度)。(图3-39)

　　近似明度、纯度调和(主要变化色相)。(图3-40)

图3-35　近似色相调和

图3-36　近似明度调和

图3-37　近似纯度调和

图 3-38　近似明度、色相调和

图 3-39　近似色相、纯度调和

图 3-40　近似明度、纯度调和

在同一与近似调和过程中,追求统一中求变化的原则。统一主要原则,但要避免色彩关系单调贫乏和模糊不清。

二、对比调和

色彩的对比调和是指配色中两种或多种色相组合,搭配色彩属性差别大,或色相环上间隔远的色彩搭配组合。在对比调和中,明度、色相、纯度三种要素可能都处于对比状态,因此色彩会更生动、鲜明,适合表现生命力、激情、运动感、力量感……这样的色彩关系要达到既变化又和谐,需要某种组合秩序来实现,这种秩序调和有以下几种形式。

1.在对比强烈的两色中,加入相应的色彩的等差、等比的渐变系列,以此结构来使对比变得柔和,形成色彩调和的效果。(图3-41)

2.通过面积的变化统一调和色彩。(图3-42)

3.在对比各色中混入同一色,使各色具有和谐感。(图3-43)

4.在对比各色的面积中,相互放置少面积的对比色,如在红绿对比中,红面积加上小面积的绿色,绿面积加上小面积的红色。或者在对比色面积中都加入同一种小面积的其他色,也可以增加调和感。(图3-44)

图3-41 两色渐变调和

图 3-42　面积的变化统一调和

图 3-43　对比两色中调入同一色

图 3-44　对比两色中放置对比色

第三章　动漫游戏色彩的美观性表现及不同题材的配色技巧

55

第三节　色彩混合

色彩可以在视觉外混合,而后进入视觉,这样的混合形式包括两种:加法混合与减法混合。色彩还可以在进入视觉之后才发生混合,称为中性混合。

一、加法混合

加法混合是指两色或两色以上的色光相混,光亮度会提高,也就是明度提高。混合的成分越多,明度越高,混合色的总亮度等于相混各色光的亮度总和,因此称为加法混合。

色光混合中,三原色光是波长 700 纳米的红色、波长 546.1 纳米的绿色以及波长 435.8 纳米的蓝紫色,这三个色光都不能用其他的色光相混合而产生。

红光+绿光+蓝紫光=白光

红光+绿光=黄光

红光+蓝紫光=紫红光

绿光+蓝紫光=蓝光

有彩色光可以被无彩色光冲淡并变亮,例如红光与白光相遇,所得的光是更加明亮的淡粉红色光。如果只由不同色相的两种色光相混就能产生白色光,那么,这两种色光就是互补关系。

色光中的各色相混,如果比例不同、亮度不同、纯度不同就会产生不同的色彩效果。色光混合的原理,在舞台设计及灯光、室内外环境布置、影像作品、电脑设计等领域有着重要的应用价值。

二、减法混合

减法混合是指色料的混合,是明度与纯度均降低的混合。(图 3-45)

白色光线通过有色滤光玻璃片后,一部分光线被反射而吸收其余的光线,这样就减少一部分辐射功率,最后通过的光是两次减光的结果,因此这样的色彩混合称为减法混合。

颜料的混合都属于色彩的减法混合,颜料中的颗粒物质在遇到白光的照射后,都会反射光谱一部分色光而吸收掉其余部分的色光,如红色和黄色颜料相混时,红色颜料中的颗粒主要反射红色光,同时它反射邻近的黄色光,而把其余的光谱色光吸收掉。黄色同样如此,当这两种颗粒混合在一起时, 都反射橙色波长,而吸收了所有其他颜色的波长,因此两种颜料的混合产生了色彩减法混合效果。

图 3-45　减法混合

1.由两种原色相混,产生的颜色为间色。

2.间色与其他颜色相混,产生的颜色为复色。

我们所见的色彩都是复色,只不过混合时各色的比例不同罢了。在色彩的实践中,对色彩混合的理解是极其重要的。

3.互为补色的两个色相混合得出黑灰色。

4.在色相环上,凡间隔距离较近的两色相混,得出的第三色纯度较高;凡颜色间隔较远的色相混,得出的颜色纯度逐渐降低。

距离最远的互补色相混,几乎没有纯度可言。为此,当我们要调配比较鲜明的色彩时,就应该选择邻近或类似色相混。若想要一些纯度低的脏灰颜色,适量加入对比色或补色即可。

三、中性混合

中性混合是指采用某种方式,利用人的生理机能限制而产生的视觉色彩混合形式,属于色光混合的一种。在中性混合中,色相的混合变化规律与加法混合相同,纯度有所下降,但明度不像加法混合那样越混合越亮,也不像减法混合那样越混合越暗。混合方式包括色盘旋转混合与视觉空间混合两种。

1.色盘旋转混合

色盘旋转混合是将不同色彩在色盘上进行旋转,并用白光照射,由于眼睛的"暂留"现象,这时在观者的视网膜上会呈现这些色彩的混合色。如将黄色与蓝色在色盘上进行旋转,我们会看到绿色。

2.视觉空间混合

视觉空间混合是将两种或多种颜色并列,观者在一定距离外观看,这时眼睛会自动将它们混为一种新的色彩。视觉空间混合的距离是由参加混合色点或色块面积的大小来决定的,点或块的面积越大形成空间混合的距离越远,反之亦然。空间混合近看色彩丰富,远看色调统一。在不同视觉距离中,可以看到不同的色彩效果。并且,空间混合的色彩有颤动感、闪烁感,适于表现光感,印象派画家多用此种色彩表现手法。

第四节 色彩在构图上的形式美法则

一、色彩的均衡

我们观察一幅色彩作品时,各色块在画面中的分布,在视觉整体感受上应该是均衡的。

1.色彩对称的均衡

主要体现在色彩的色相方面。(图3-46)

图3-46 色彩对称的均衡

2.重量的均衡

主要体现在色彩的明度方面。在浅色底子上,深色就有了重量;在深色底子上,浅色就有了重量;在灰色底子上,艳色就有了重量。(图3-47)

3.力的均衡

不同于对称,而是具有变化与力的均衡,是在对比变化中体现的美:大与小、疏与密、多与少、虚与实、高与低、远与近等。(图3-48)

二、色彩的呼应

任何作品里的色彩都不是孤立出现的,它需要与其相似的色彩在其附近、前后、上下、左右彼此呼应,组成一幅和谐完整的作品。

1.局部呼应

如在大面积的蓝色上有一小块的黄色,这个黄色就会显得很弱小,没有力量,也不突出。这时如果在其附近增加几个相似的黄色,与其形成呼应关系,就能达到丰富画面的目的进而打破弱小孤单的局面,这就是同种色彩在画面中的呼应关系。当然,这些颜色放置的位置与大小还要考虑其美的形式。(图3-49)

2.全面呼应

色彩的全面呼应法是在一幅色彩作品中,所有的色彩都加入同一种颜色,从而使各色间都产生"你中有我,我中有你"的色彩内在联系,它是构成色调,也就是色彩倾向性的重要方法。这种呼应方式,自然会产生和谐统一的形式美。(图3-50)

图3-47 重量的均衡

图3-48 力的均衡

图3-49 局部呼应

图3-50 全面呼应

三、色彩的主次

为烘托一幅作品中的主要表现部分,色彩搭配一定要有主有次,方能显出规律性、次序性的美,这样的色彩关系不杂乱。主色的面积不一定最大,也不一定等于主色调,但它发挥着关键的作用。主色一般多用在重要的主体部分,以增强对观者的吸引力。"红花还需绿叶衬",主色是由宾色衬托出来的,宾色不能喧宾夺主,好比一幅画中的"画眼",是最能吸引观者视线的位置。(图 3-51)

四、色彩层次

色彩的层次是指色彩在画面中所具有的前进与后退的空间感。

1.面积与色彩层次

一般来说,面积大的色彩具有前进感,面积小的色彩有后退感,即所谓的"近大远小"。但当两个大小面积不同的色彩叠压时,叠压其上的色彩具有前进感,即便是小面积的色彩在大面积色彩之上,小面积的色彩也同样具有前进感。

2.明度与色彩层次

一般来说,亮色比暗色具有前进感。但这并不是绝对的,在暗底上亮色具有前进感,但在浅色底子上,深色具有前进感。

3.纯度与色彩层次

暖色具有前进感,冷色具有后退感,这就是"近暖远冷"。

五、点缀色

点缀是面积对比的一种形式,在色彩构图中能起到"画龙点睛"的作用。点缀色彩由于体量相对较小的关系,要求视觉冲击力相对较大,因此应尽量选择一些明度较高、色彩鲜艳的色彩,如白色、黄色、鲜红色、玫瑰红色、橙色、蓝色、群青色、绿色等。点缀色彩能够对平淡的设计色彩起到调节作用,既点缀了空间、丰富了色彩,又活跃了装饰设计气氛,但应注意的是,设计总体上不宜选用过多的点缀色彩,通常在背景色、主体色的基础上选用两至三种足矣。过多的颜色将使设计色彩显得凌乱无序,即人们常说的"花"了。应充分考虑在总体环境色调和谐的前提下,进行适当的点缀,这样才能起到"画龙点睛"的作用。(图 3-52)

图 3-51　色彩的主次

图 3-52　点缀色

第五节　用色彩来表现不同题材的游戏

一、东方题材游戏的色彩表现

东方题材的故事背景一直是中国大陆角色扮演游戏中最常见的表现主题。在以往的大陆游戏市场,本土开发的以东方题材为主题的游戏,其效益也最为出色。即便是在面对欧美日韩游戏里所表现出更为强大的技术实力和设计实力的竞争下,国人也更愿意选择东方题材的游戏。原因自不必多说,东方题材对于中国玩家来说,其故事情节的代入感更强,更容易被中国玩家接受。

众所周知,全世界范围内公认的最好的MMORPG(大型多人在线角色扮演游戏),是暴雪开发的《魔兽世界》。《魔兽世界》在其巅峰期间最高的平均在线人数大约为80万人,而同时期《梦幻西游》的平均在线人数达到了200万人,抛去玩法细节和运营推广不说,题材的重要性在这个例子中体现得非常明显。

东方题材的角色扮演游戏大多分为几个派系。

写实派:以三国等历史事件为选题。《三国群英传》《三国无双》等。

剑侠派:以金庸等人的小说为选题。《笑傲江湖》《天龙八部》《水浒》等。

奇幻派:以各种奇幻背景下的神话传说为选题。《蜀山》《梦幻西游》等。

东方题材的游戏配色也多以符合东方人的审美特点为主导,再根据不同故事题材来进行调整。

单从绘画角度,传统的西方绘画以油画见长,以表现物体的真实光影为追求;东方绘画以水墨为媒介,更多的是表现神韵和气质。而在东方审美哲学里,内敛、和谐、简朴、自然的审美情愫占了主导地位。这些倾向也都可以在东方题材美术作品的配色中得以体现,当然也包括东方题材的游戏。

一般来讲,东方题材的游戏画面色彩都比较轻盈,整体画面的明度比较高。画面上的色相范围相对也比较小,不会采用太多的色相对比。整体的纯度也不会那么高,给人舒缓自然的感觉。另外,在东方题材里,一些颜色也代表了特殊的含义。比如中国红搭配金色就能让人联想到皇朝、王权,墨绿色和青灰色搭配就能让人联想到中国的群山峻岭 。(图3-53)

图3-53　东方风格

二、西方奇幻题材游戏的色彩表现

游戏发展于西方国家,西方奇幻题材也自然而然地成为角色扮演游戏的首选题材。这其中影响力比较大的几个系列包括《龙与地下城》系列、《北欧神话》系列,以及近些年暴雪公司在之前奇幻题材基础上加以创新推出的魔兽系列。

《龙与地下城》系列的代表游戏包括《博德之门》《无冬之夜》《异域镇魂曲》等。

《北欧神话》以及受北欧神话影响的系列游戏包括《圣域》《指环王》等。

魔兽系列包括《魔兽世界》《魔兽争霸》《炉石传说》等。

西方人构架的奇幻世界体系,在画面上也深受西方的审美观影响,画面厚重,历史感强烈。在用色上借鉴西方油画,着重强调对光影的表现。整体用色上明度偏低,画面整体的对比度比较强烈。一些传统的西方奇幻题材用色的饱和度相对比较低。暴雪后期推出的魔兽系列饱和度相对高一些,主要是为了迎合更多玩家。

暴雪的《魔兽世界》在进入中国市场之时,另外一款经典的奇幻题材 MMORPG《无尽任务》(EQ)(图3-54)也同时期进入中国市场。从游戏系统的复杂程度、玩法、乐趣,以及在欧美国家的影响力上看,这两款游戏的实力可以说是相差无几。但是 EQ 采用的是最为传统的西方奇幻风格造型和配色,对于中国玩家来说,这种风格显得过于沉重和压抑。而《魔兽世界》的配色就要鲜艳许多,同时,游戏中还加入了

图3-54 《无尽任务》

61

许多诸如熊猫人、风筝、放鞭炮等东方元素。在游戏市场全球化的今天，太过极端的游戏风格对于游戏铁粉玩家可能会非常有吸引力，但是要想面对各个年龄、民族的玩家，更为开放、包容、多元融合的设计显然更容易被接受。(图3-55)

图3-55 《魔兽世界》的多元风格

思考与练习

1. 用合适的色彩来表现一幅具有喜庆题材的作品。

2. 用相应的颜色来表现一幅阴郁、绝望题材的作品。

第四章
色彩在动漫游戏中的功能
表现及不同类型游戏的
配色技巧

第一节 色彩在游戏中的识别作用

总体来说,色彩在游戏中有两大作用:一个是功能性,另一个是美观性。

视频游戏作为一种娱乐产品,与其他娱乐类型最大的区别在于其贯彻始终的人机交互性。交互性是建立在各个可交互功能元素的设计基础上,在实际玩游戏的过程中,由玩家与游戏互动产生的。所以,如何让玩家在玩游戏的过程中用最方便的方式,识别出这些可以互动的元素,是视频游戏作为产品的第一功能诉求。视频游戏与玩家之间最基本的交互方式是通过图像进行的,而图像由形状、纹理、颜色等基本元素组成。色彩则是图像识别中最常用且有效的手段。

玩射击游戏需要分清游戏中的敌我,才能有选择地射杀或者保护;玩消除游戏需要分清哪几个元素是同类,才能有选择地点击消除(图4-1);玩当下流行的 DOTA 或者 LOL 需要第一时间分清敌我,同时还要认清对方的具体英雄再选择对策(图4-2);玩飞机游戏时,要分清哪些是敌方射来的子弹从而躲避,哪些是奖励或者增强道具需要去"吃"。以上这些行为都是玩家在玩一款游戏中的第一诉求,而让玩家快速识别出一个游戏角色是敌是友、哪几个方块是一个类型、对面的英雄到底是"火女"还是"冰女"、满屏飞舞的子弹是敌方飞机发射还是我方飞机发射,最有效的手段就是利用色彩区分。这就跟球类比赛中不同球队穿着不同颜色的服装是为了更好地识别场上队员,交通信号灯用三个颜色来表示三种通行状态,不同面值的纸币有不同主色调一样。视频游戏甚至可以画面不好看,但是一定要好玩。好玩与否取决于玩家操作的顺畅程度。如果说色彩在视频游戏中具有功能性和美观性作用,那么功能性绝对是依靠色彩在大部分视频游戏中所起到的第一作用。而"识别"又是其主要功能需求,所以说"识别"是色彩在大部分视频游戏设计中的第一任务,也发挥最大作用。

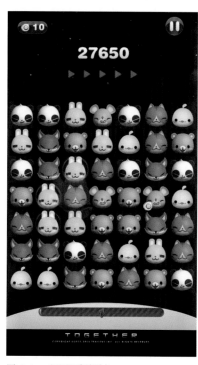

图4-1 《天天爱消除》

图4-2 DOTA 2

第二节　组成一个视频游戏的元素以及其之间的色彩识别关系

以最常规的角色扮演类动作游戏为例,来分析一款视频游戏的画面是由哪些基本元素构成的。可以看到,以下的截图是一个比较标准的进入游戏后的主画面(图4-3),大致由UI、玩家控制的角色、玩家控制的角色所发出的技能特效、玩家所需要攻击的怪物、非玩家控制的NPC、场景中可以互动的功能元素和场景组成。

以上这些元素中,哪些对玩家的游戏进行起着最主要的作用,对玩家的影响最大,那些元素就应该是最容易被玩家识别出来的。

单从被识别性的重要程度来说,整个游戏画面中第1级别应该为UI。UI即User Interface(用户界面)的简称,UI设计是指对软件的人机交互、操作逻辑、界面美观的整体设计。好的UI设计不仅可以让软件变得有个性、有品位(图4-4),还可以让游戏的操作变得舒适、简单、自由,充分体现游戏的定位和

图4-3　DOTA 2

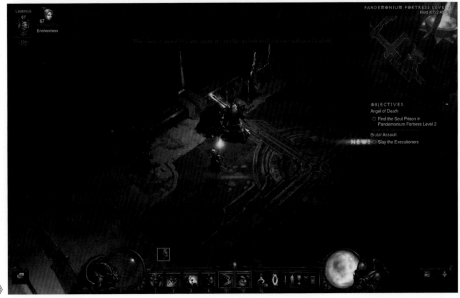

图4-4　《暗黑3》

特点。而游戏中的 UI 是玩家获得游戏信息的主要途径之一。角色的生命值、法术是否可以激活从而被释放、什么时候升级获得更强能力、哪些任务需要做、整个游戏是否能够顺利进行下去……这些最为重要的信息都需要通过 UI 来传递给玩家。(图 4-5~图 4-7)

在 UI 中,不同的元素由其所显示信息的类型功能决定了其具有不同的重要程度。一般来讲,居中弹出的浮动 UI 文字和可点击按钮的可识别度,应该代表各种数值的进度条、静态图标、边框、背景底纹。

同样是文字或者按钮,由其显示信息的内容决定其重要程度也具有先后顺序。如图 4-8,与技能有直接关系的说明性文字使用了黄色。

图 4-5 《暗黑 2》

图 4-6 升级

图 4-7 物品描述

第 2 级别为特效。其包括攻击爆点特效、魔法释放效果、子弹(个别射击游戏,子弹可能要比 UI 还要易于识别)等。各种爆点特效、魔法释放效果一般都与游戏的战斗功能有直接关系,所以它的识别度也需要很高才能易于游戏进行。(图 4-9)

第 3 级别为人物。理论上来讲,包括主角和 BOSS、怪物、有功能 NPC、无功能渲染气氛的 NPC 和动物(可以看作场景元素)。(图 4-10)

第 4 级别为场景。包括动态和有功能部分(可破坏部分宝箱、火焰、机关)、普通建筑物、植物、地表。

了解了在游戏中哪些是最应该被识别的元素,哪些只起到衬托作用后,下一步就需要注意如何利用颜色使这些主要元素更突出,使次要元素起到陪衬作用。

图 4-8 卡牌描述

图 4-9 《魔兽世界》

图 4-10 《街头霸王》

67

第三节　色彩的属性与游戏元素识别

首先需要了解一下色彩的三个基本要素:色相、明度、纯度。

色相即色彩的相貌和特征。自然界中色彩的种类很多,色相指色彩的种类和名称。如红、橙、黄、绿、青、蓝、紫等颜色的种类变化就叫色相。

明度指色彩的亮度或明度。颜色有深浅、明暗的变化。比如,深黄、中黄、淡黄、柠檬黄等黄颜色在明度上就不一样,紫红、深红、玫瑰红、大红、朱红、橘红等红颜色在亮度上也不尽相同。这些颜色在明暗、深浅上的不同变化,也就是色彩的又一重要特征——明度变化。

色彩的明度变化有许多种情况。一是不同色相之间的明度变化,如白比黄亮、黄比橙亮、橙比红亮、红比紫亮、紫比黑亮;二是在某种颜色中加白色,亮度就会逐渐提高,加黑色亮度就会变暗,但同时它们的纯度(颜色的饱和度)也会降低;三是相同的颜色,因光线照射的强弱不同也会产生不同的明暗变化。

纯度指色彩的鲜艳程度,也叫饱和度。原色是纯度最高的色彩。颜色混合的次数越多,纯度越低,反之,纯度则高。原色中混入补色,纯度会立即降低、变灰。物体本身的色彩也有纯度高低之分,西红柿与苹果相比,西红柿的纯度高些,苹果的纯度低些。

如图 4-11 所见,以 Photoshop 拾色器来说明纯度、色相和明度的关系。理论上来讲,在有对比的情况下,色相越暖的颜色,识别度越高,明度越亮的颜色识别度越高,纯度越高的颜色识别度越高。

以下通过对六种常见游戏类型的分析来具体说明各种游戏的配色原则。

一、角色扮演游戏的配色原则

角色扮演游戏是一种游戏类型,它的核心是扮演。在游戏玩法上,玩家扮演一位角色,在一个写实或虚构的世界中活动。玩家负责扮演这个角色,在一个结构化规则下通过一些行动,令所扮演的角色发展。玩家在这个过程中的成功与失败取决于一个规则或行动方针的形式系统。

角色扮演游戏是最复杂的游戏类型之一,它的主要特点就是规模庞大,一般都有完整的背景故事和角色。角色扮演游戏所包含的游戏内容也最多。之前提到的视频游戏的几个主要元素,角色、场景、UI、特效在角色扮演游戏中都有涵盖,所以角色扮演游戏中的交互元素也最多,需要玩家识别的各个元素配色也最复杂,这就需要秉承谁重要谁醒目的原则,对不同阶段下的游戏画面进行设计。在主游戏战斗界面上,角色的血条、蓝条最为主要,代表玩家的生存和战斗能力,玩家和怪物所发出的技能特效决定玩家是否能够有效地打击和躲避,是玩家游戏的基础。玩家自身角色和怪物是战斗的载体,也很主要。不同怪物之间能力越强的怪物颜色要更突

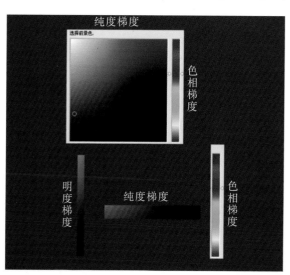

图 4-11　色彩属性

出一些。这里的突出除了绝对意义上的明度、纯度、色相以外,还有通过对比带来的突出感,如一群红色怪物里的一个蓝色怪物就比较突出。场景中的主要道具机关根据其重要程度也需要适当突出,如怪物掉落的装备金钱、场景中的主要机关道具。根据道具的出现时机可以适当提高或降低其识别程度,防止过于抢其他元素的识别性,或者不容易被识别。场景中的 NPC 一般只在非战斗状态下才发挥作用,所以也可以相对突出。除此之外,场景中的非功能性建筑环境可以保持一个相对低的识别度,起到一些渲染气氛的作用即可。需要注意的是,游戏的过程永远是一个动态向前的过程。一些环境下适用的方法在另外一些情况下不一定适用。进程会变,画面中的游戏元素会变,唯一不变的就是在当时情况下越主要的元素越突出这一原则。(图 4-12~图 4-14)

图 4-12 《火炬之光》(1)

图 4-13 《火炬之光》(2)

图 4-14 《火炬之光》(3)

人眼对于黄色和绿色的光是最敏感的，因为这些光比可见光两端的光(蓝色和红色)看起来更明亮些,可在一些特别需要提醒用户注意的地方使用。在游戏视觉界面设计中,常用色彩的色调、色彩的搭配关系达到一定的视觉效果,起到引人注意的视觉作用。一般来说,屏幕中最希望用户注意到的地方,都用高纯度的黄绿色系。在 UI 中的进度条和任务提示文字等,一般也都用此色系。(图 4-15)

黄绿色在明度上也要高于其他色相。如图 4-16 中的框选,变成单色以后的黄色和绿色看起来也更亮一些, 更明显一

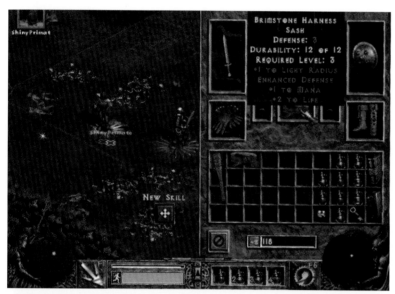

图 4-15 《暗黑》(1)

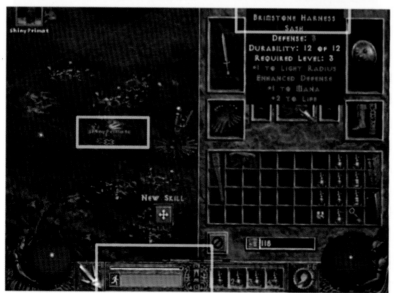

图 4-16 《暗黑》(2)

70

些。　　　## 二、第一人称射击游戏的配色原则

第一人称射击,顾名思义就是以玩家的主观视角来进行射击游戏。玩家不再像别的游戏一样通过操纵屏幕中的虚拟人物来进行游戏,而是身临其境地体验游戏带来的视觉冲击,这就大大增强了游戏的主动性和真实感。早期第一人称类游戏带给玩家的一般都是屏幕光线的刺激和简单快捷的游戏节奏。随着游戏硬件的逐步完善,以及各种游戏的不断结合,第一人称射击类游戏提供了更加丰富的剧情以及精美的画面和生动的音效。

射击游戏以对视距内有生物体的辨别需求最为主要。在多人连线射击游戏中,第一时间内判断出是敌是友,决定了游戏的胜负。因为射击游戏中玩家大部分时间里视线保持在画面的中心,UI在射击游戏中大多比较简洁。一般只显示主要的生命值和弹药数量,以便玩家在紧张的战斗间隙快速浏览。(图4-17、图4-18)

在《战地》这款游戏中,枪火和爆炸特效的颜色在明度、纯度上远远高于其他部分,使玩家更容易区分哪有危险,哪有敌人。(图4-19)

图4-17　FPS游戏

图4-18　FPS游戏

三、动作游戏的配色原则

动作游戏是游戏中的一种,它强调玩家的反应能力和手眼的配合,以游戏机为主、电脑为辅。动作游戏的剧情一般比较简单, 通过熟悉操作技巧就可以进行游戏。这类游戏一般比较有刺激性,情节紧张,声光效果丰富,操作简单。

在动作游戏中,玩家可以控制游戏人物用各种武器消灭敌人以过关,也可以同其他玩家对战。动作游戏分为重视夸张、爽快动作感的游戏与偏写实的动作类游戏。有些动作游戏依靠人物动作的衔接(连击)与玩家的操作为乐趣,有的游戏动作仅为一种表现手法而已。动作游戏也包含射击游戏和格斗游戏。自2005年后,单

图4-19　《战地》

图4-20 《街头霸王》(1)

图4-21 《街头霸王》(2)

图4-22 《三国》

纯的动作游戏已较为罕见,因为"动作"都由各种不同的形式来表现,部分角色扮演游戏也加入了大量的动作成分(ARPG)。我们这里说的动作游戏,泛指角色在屏幕中面积较大地强调动作格斗的游戏。

这类游戏可利用颜色在色相、纯度、明度上的可识别度的区别,图4-20很清晰地体现出了在一个完整的游戏画面中不同元素的可识别度的区别。

色相和纯度最容易被识别的颜色是亮黄色,也是玩家最为关注的颜色——血条颜色。角色大多使用可识别度高的暖色调,而场景则使用可识别度低的冷色调和灰色调。

明度最高的部分是白人发射的气功波,这是与格斗有直接关系的特效元素。如气功波的明度、两个角色的明度、背景NPC的明度、背景建筑的明度。

同样是红色的使用,角色身上的红色在纯度和明度上都高于场景中的红色。

可以看出,在颜色使用上,《街头霸王》作为一款成功的和成熟的游戏产品有着非常规范和具体的方法和措施。

如图4-21、图4-22所示,格斗游戏中最基本的爆点特效大多使用高纯度黄色系。

四、休闲消除类游戏的配色原则

从最早风靡全球的《俄罗斯方块》,到现在最流行的《天天爱消除》《天天连萌》,消除类休闲游戏越来越被广大玩家所青睐,尤其是智能手机触摸操作方式的普及以后,消除游戏更以良好的操作契合度,成为游戏市场上不可忽视的类型。

以三点或多点,或以连接相加的形式逆向消除,这就是三消游戏的定义了。三消游戏中最具代表性的游戏莫过于《蒙特祖玛的宝藏》系列了,

72

该系列作品除了继承传统三消游戏的特点外，还加入了益智环节，让人欲罢不能。而《亚特兰蒂斯的召唤》系列三消游戏，则完全重新诠释了三消游戏，它在游戏中加入了故事情节、任务等新的元素，让三消游戏"老树开新花"，变得更加耐玩，更有趣味性！

消除类游戏画面的大部分区域，都是由多种类型的消除对象组合构成。所以，用颜色来区分不同类型的消除对象是最基本也是最有效的手段。同时也要注意不要都用高纯度的颜色，适当用一些低纯度调和会让画面看起来更高级和舒心。(图4-23、图4-24)

五、音乐类游戏的配色原则

音乐类游戏就是跟随音乐的节奏，通过按键，使模拟器(或键盘)发出相应的音效的一类游戏。游戏中不断出现的各种按键(NOTE)合成一首歌曲，类似于奏乐。这类游戏主要考验玩家对节奏的把握，以及手指的反应和眼力。完成一首难度比较高的音乐时，会有一种成就感。

随着游戏的不断发展，音乐游戏也开始散发式地发展起来，已不仅仅局限于最早的按NOTE演奏这种游戏模式了。音乐游戏开始融入各种其他种类游戏的要素。例如PSP上的《战鼓啪嗒砰》、GBA上的《节奏天国》，都是打破传统的创新音乐游戏。但是无论如何创新，音乐游戏都离不开音乐的两大要素：旋律与节拍。所有的音乐游戏都是在旋律与节拍上做文章。另外，众多的舞蹈游戏，如DDR系列也被归纳为音乐游戏的范畴内。

音乐类游戏中最主要的就是玩家需要弹奏的节拍识别点(NOTE)，所以这些NOTE点是游戏画面中最醒目的元素。它们的饱和度、明度一定是相对较高的。所以依照此原则，依次去设计规划游戏中的元素用色就相对简单了。(图4-25)

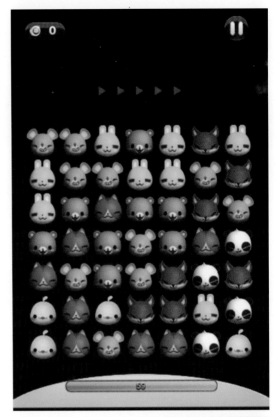

图4-23 《天天爱消除》

图4-24 《俄罗斯方块》

73

六、体育类游戏的配色原则

体育类游戏多数以现实生活中存在的体育项目为原型设计,采取写实的游戏风格,强调游戏的真实性。所以体育游戏的配色可以参考现实情况来进行设计,如驰名的 EA 的 FIFA 系列和 KONAMI 的实况系列。

另外,竞速游戏也可算体育类游戏范畴。竞速游戏大多以赛车为主题。对于赛车来讲,赛道提示相对比较主要,所以一些指示型的标志需要比较显著,如转向指示、加速提示、重点提示等。

虽然色彩在游戏中起到的识别性作用非常重要,但也大多有章可循。只要按照一定的规则去统筹、安排、使用就可以满足功能需求。反之,不按游戏的玩法规律去设计色彩,不按照一定的识别度规则去配色,在游戏画面表现中就会有希望被看到的元素不容易被识别,没有功能的元素抢夺玩家眼球的尴尬局面出现。

好的产品设计一定是优先为功能服务的。只有针对不同的游戏类型去规划、设计画面配色,具体问题具体分析,才能使色彩为游戏服务,为玩家服务,让玩家更容易进行游戏。

图 4-25 《炫舞吧》

思考与练习

1. 从游戏功能的角度试着分析一款市面上流行的消除类游戏的色彩设计,包括 UI 场景、活动元素、特效等。

2. 找到几种具有代表性的中式风格的颜色,设计一个剑侠故事中的角色形象。

第五章
游戏色彩在生理、心理及
社会文化方面的属性

要点导入:不同的颜色会给人带来不同的感受,使人产生不同的联想。不同的国家或地域间,对色彩的认识也不尽相同。本章将围绕这些知识点从人的心理、生理、社会文化等方面来具体阐述。

色彩是通过人的视觉所感知的外界事物中色光的感受。受视觉构造和空气等因素的影响,色彩会形成不同的空间感受,光的刺激通过瞳孔到达视网膜,视网膜上的视神经会吸收光线,在光线的刺激后转化为神经冲动,通过神经纤维将信息传达到大脑的视觉中枢,产生色彩的感觉。不同的色彩能够给人带来不同的心理感受,这种感受因人们的生活体验、心理感知、自身的地域和文化差异而有所不同,但共同性很多,差异性很少。在这里我们所探讨的是人类对色彩的心理感受的共性问题。

第一节　颜色的象征

一、红色

在可见光谱中,红色光波最长大约为 630 纳米至 750 纳米,处于可见长波的极限附近,所以给人一种强烈的视觉刺激。它容易引起注意、兴奋、激动、热烈、紧张,但眼睛对红色长时间的视觉刺激是不适应的,容易导致视觉神经疲劳,严重的时候还会给人造成难以忍受的精神折磨。但也正是因为红色的强烈性,视神经才善于分辨红色光波的细微变化。

红色光由于光波最长,穿透力强,穿透空气时折射角度小,在空气中辐射的距离远,在视网膜上成像的位置深,给视觉以迫近感和扩张感,故被称为前进色。

红色是一种极端色,既让人感觉热情、活跃、有生命力、有朝气,又给人以危险、恐怖和血腥感(图 5-1)。人们用红色作为欢乐、喜庆的象征。"中国红"具有特殊的喜庆意义,春联、剪纸、中国结、红灯笼……成为一种节日与庆祝活动的常用色。红色在标志、旗帜、广告中占了首位,成为最有力的宣传色。但红色也是让人们联想到血腥、战争、火灾、杀戮等危险、恐怖、爆炸的象征色(图 5-2)。所以,警示意义强的红灯、灭火器、消防车等都是红色的。

总之,红色是一种有强烈而复杂的心理作用的色彩,设计者要了解它的色彩心理感受,以便在设计中更好地使用它。

图 5-1　红色

图 5-2　危险、恐怖、爆炸的象征色

二、黄色

在可见光谱中,黄色的波长适中,波长大约为570纳米至585纳米,与红色相比,更易于眼睛接受。黄色光的光感最强,明度在色系里是最亮的颜色,阳光、火光、灯光等都趋于黄色,打斗游戏中的特效很多都使用明亮的黄色(图5-3),给人以光明、辉煌、灿烂、轻快、柔和、纯净、充满希望的印象(图5-4)。但也由于黄色过于明亮,具有轻薄、冷淡的印象,性格不稳定,稍添加别的色彩就会失去本来的面貌。

在自然界中,刚刚冒芽的植物及花卉中的迎春花、腊梅、向日葵、秋菊、油菜花等,都呈现出娇嫩、芳香的黄色,给人新生、单纯、无暇、靓丽的联想。果实中的柠檬、梨、甜瓜又使黄色富有酸甜的食欲感。黄色还可以让人想起秋日里黄澄澄、金灿灿的麦田和草地(图5-5),秋收的五谷,营养丰富的蛋黄,奶油等,具有一种味觉上的心理属性。从色彩文化层面看,在相当长的历史时期,帝王与宗教传统上均以黄色作服饰,以黄为贵。家具、宫殿、庙宇的色彩,都相应地加强了黄色,给人以崇高、智慧、华贵、辉煌、灿烂、威严的感受(图5-6)。黄色是黄金的颜色,因此也有财富的含义。在中国的五行学说中,黄色是土的象征。从相反方面来看,由于黄色波长差,故不容易分辨,具有轻薄、软弱的特点,与病弱、衰败、枯萎相关联,使人感到空虚、酸涩、贫乏与不健康。

图5-3 特效中的黄色

图5-4 光明、灿烂的黄色

图5-5 黄澄澄的草地

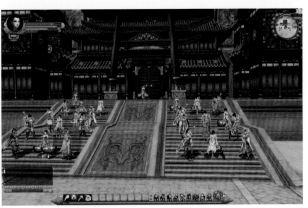

图5-6 辉煌的宫殿

从最浅的奶黄色到柠檬黄再到大黄色,在有彩色范围里黄色的明度是最亮的。黄色与暗色调的搭配(图5-7)非常好。它可以极大地点亮一个黑色调的设计,而且作为暖色调,也有类似于红色和橙色的那种不用加大面积就可以起到吸引目光的效果。(图5-8) 黄色和蓝色是一个流行的组合,黄色可以唤醒低调的蓝色从而创建高对比度。(图5-9)紫色是黄色的补色,也是一个高对比的组合。(图5-10)对于更接近泥土色彩的色彩方案,可以混合黄色和棕色以及苔绿色和橄榄绿。(图5-11)

图5-7　黄色与暗色调的搭配

图5-8　黄色有吸引目光的效果

78

图 5-9 黄色和蓝色的组合

图 5-10 黄色和紫色的对比

图 5-11 具有泥土味道的色彩

79

三、橙色

橙色又称橘黄或橘色,是介于红色和黄色之间的混合色,波长大约为590纳米至610纳米,兼有红色与黄色的优点,橙色是欢快活泼的色彩,是暖色系中最温暖的色。其色感较红色更暖,明度柔和。

橘子、玉米、霞光、果实都是绚烂的橙色,具有明亮、华丽、健康、兴奋、温暖、欢乐、辉煌以及容易动人的色感。很多菜肴、糕点也多是橙色,给人营养丰富、香甜美味的感受。

橙色在空气中的穿透力仅次于红色,而色感较红色更暖,最鲜明的橙色应该是颜色中给人感受最暖的色彩,能给人以庄严、尊贵、神秘的感觉(图5-12),所以基本上属于心理色性。历史上许多权贵和宗教界都用橙色装点自己,因为橙色具有亮丽、神秘、瞩目的特点。因其明度色阶较红色更亮,注目性高于红色,所以也被用为信号色、标志色和宣传色。(图5-13) 不过,波长较长也容易造成视觉疲劳。而在一些国家,橙色又与欺诈、嫉妒的喻义相关,一些具有毒性的动物与昆虫身上也点缀着这种耀眼的颜色。

橙色与浅绿色、浅蓝色相配,可以构成最响亮、最欢乐的色彩。(图5-14) 橙色与淡黄色相配会有一种很舒服的过渡感。(图5-15) 橙色一般不能与紫色或深蓝色相配,这将给人一种不干净、晦涩的感觉。由于橙色非常明亮刺眼,有时会使人有负面低俗的意象,这种状况尤其容易发生在服饰的运用上,所以在运用橙色时,要注意选择搭配的色彩和表现方式,才能把橙色明亮、活泼、具有响亮感的特性发挥出来。

上述红、橙、黄三色,均称暖色,属于注目、芳香和引起食欲的颜色。

图5-12 庄严、尊贵、神秘的橙色

图 5-13 瞩目的橙色

图 5-14 橙色与绿色、蓝色的搭配

图 5-15 橙色与淡黄色的搭配

四、绿色

绿色是自然界中常见的颜色,植物大多呈绿色。绿色在光谱中介于蓝与黄之间,是可视光里的中波长部分,波长大约为 500 纳米至 570 纳米,光的三基色之一。太阳投射到地球的光线中,绿色光占 50% 以上,色光的感受属于中性色、亲和色,因此,人的视觉对绿色光波长的微差分辨能力最强,也最能适应绿色光的刺激,所以具有生命、生态环境、和平的象征。

现代人提倡的环境保护、绿色食品、城市绿化、绿色办公、绿色软件等,包含着绿色的生态哲学、生态艺术、生态意识、环境美学、生态伦理学等方面内容。绿色可以起保护色的作用,所以陆军和野战队通常用绿色制服(图 5-16)。在中国的五行学说中,绿色是木的一种象征。绿色也是准许行动之意,交通信号中的绿灯代表可行。

绿色有海绿色、祖母绿、草绿、苹果绿、森林绿、叶绿色、橄榄绿、淡绿色、松绿色以及苔绿色等。众多的绿色色调,形成了一系列非常灵动的色彩。黄绿色会显得很"温暖",蓝绿和碧绿则显得有些"冷",柠檬绿显得青春、亮丽,橄榄绿则更显平和,淡绿色可以给人一种清爽的春天的感觉(图 5-17)。用蓝色搭配绿色可以传递一种水的感觉(图 5-18)。在绿色中添加米色或者褐色则可以展现一种泥土的气息(图 5-19)。白色加绿色是新鲜和户外的(图 5-20),而紫色和绿色是高对比的一对,需要小心对待。

图 5-16　军服

图 5-17　春天的绿色

图 5-18　蓝色与绿色的搭配

图 5-19　有泥土气息的绿色

图 5-20　白色与绿色的搭配

五、蓝色

蓝色是三原色之一,波长在三种原色中最短,比紫色光略长些,为450纳米至475纳米,属于短波长。早晚的太阳光线要穿越比中午厚三倍的大气层才能到达地面,其中蓝紫光早已折射,能到达地面的只是红黄光。所以早晚的太阳是红黄色的,只有在远山、地平线附近才是蓝色的。如果红橙色被看作是前进色,蓝色就是后退的远逝色。

蓝色是最冷的色彩。它非常纯净,让人联想到海洋、天空、水、宇宙,纯净的蓝色表现出一种美丽、冷静、理智、安详与广阔的感觉。(图5-21)由于蓝色沉稳的特性具有理智、准确的意象,常带给人沉思、智慧和征服自然的力量。(图5-22)"蓝色血统"用来形容人出身高贵;"蓝领"指的是体力劳动者;"蓝袜子"则指的是知识分子。但蓝色也代表着忧郁,如心情是蓝色的……蓝色的英语单词blue,又有"忧郁的"意思。

图5-21 蓝色

图5-22 智慧、征服自然的蓝色

84

蓝色的种类：群青、普蓝、钴蓝、湖蓝、靛蓝、碧蓝、蔚蓝、宝蓝、藏蓝、黛蓝、孔雀蓝、天蓝、深蓝、淡蓝、瓦蓝、冰蓝、蓝黑、宝石蓝、锐蓝、蓝紫、蓝绿、粉蓝、暗蓝等。蓝色与紫色相配会更显理智、安静、忧思(图5-23)；蓝色与红色是对比色，两色相混为紫色，用在人的身上，可体现人物性格的多样性和神秘性(图5-24)；蓝色与白色相配则更显纯净、旷远(图5-25)。

图 5-23　蓝色与紫色搭配

图 5-24　蓝色与红色搭配

图 5-25　蓝色与白色搭配

六、紫色

在可见光谱中,紫色光的波长最短,为380纳米至440纳米。尤其是肉眼看不见的紫外线波长最短。眼睛对紫色光细微变化的分辨力很弱,容易引起疲劳。紫色是由温暖的红色和冷静的蓝色混合而成,查看色盘我们可以看到紫色是在红色和蓝色的交汇处,而且中间有很多过渡颜色。紫色跨越冷暖色两极,在洋红和栗色方向是暖色,而紫罗兰方向则是冷色。紫色容易让人看到极端,但是用得好的话可以很醒目、时尚,给人以高贵、优雅、流动、不安等感觉(图5-26)。

紫色是神秘富贵的色彩,与幸运和财富、贵族和华贵相关联。如北京故宫又称为"紫禁城",亦有"紫气东来"的意思。它也和宗教有关,比如复活节和紫色的法衣。自然界中的植物和花儿有很多这种颜色,比如丁香、熏衣草、紫罗兰等(图5-27),就连名字亦都如此优美、迷人、梦幻、神秘。但紫色还具有表现苦、毒与恐怖的功能,结合形象,便会产生低级、荒淫和丑恶的印象(图5-28)。

图5-26　高贵、流动、优雅的紫色

图5-27　紫色的植物和花

图5-28　丑恶恐怖的紫色

紫色跨越了暖色和冷色,所以可以根据其所结合的色彩创建与众不同的情调。紫色似乎是色环上最消极的色彩,尽管它不像蓝色那样冷,但红色的渗入使它显得复杂、矛盾(图5-29)。它处于冷暖之间游离不定的状态,加上它具有低明度的性质,也许就构成了这一色彩在心理上引起的消极感。与黄色不同,紫色可以容纳许多淡化的层次,一个暗的纯紫色,只要加入少量的白色,就会成为一种十分优美、柔和的色彩(图5-30)。随着白色的不断加入,也就不断地产生出许多层次的淡紫色,而每一层次的淡紫色,都显得很柔美、动人。明度深的紫色和明度亮的黄色配色,不仅明度对比分明,且色相为对比最强烈的互补色,会显得黄色更黄,紫色更紫(图5-31)。

图 5-29 紫色与红色的渗透

图 5-30 紫色与白色搭配

图 5-31 紫色与黄色搭配

紫色的种类:矿紫、蓝紫、淡紫、紫红、水晶紫、熏衣草紫、锦葵紫、浅灰紫、葡萄紫、古代紫、缬草紫、木槿紫、铁线莲紫、淡紫丁香、紫罗兰等。

七、土色

土色指土红、土黄、土绿、赭石、熟褐一类,是光谱上没有的混合色,由多种色彩混合而成,属于暖色系。它们是土地和岩石的颜色,具有浓厚、博大、坚实稳定、沉着、恒久、保守、寂寞诸意境(图5-32);它们也是动物皮毛的色泽,具有厚实、温暖、防寒之感;它们近似劳动者与运动员的肤色,因此具有象征刚劲、健美、结实的特点;它们还是种子成熟的色彩,显得充实、饱满、肥美,给人类以温饱、朴素、实惠的印象。另外,在一些特定的场合和用语里,土色还给人一种不干净、不健康、压抑的感受,如面如土色、灰头土脸、土里土气……

土色由于明度低、纯度暗,是很好的陪衬色。它不显山、不露水,却可以让贴近它的色彩尽情展露它们的风姿,使明亮的色彩更明亮,鲜艳的色彩更鲜艳(图5-33)。土色调和大量的白以后,就变成明度很亮、纯度很低的色彩,既不张扬,也不卑微。总之,土色是一个具有丰富内涵的色彩,具有很高的品位。

图5-32 沉着、稳定的土色

图5-33 土色做陪衬色

八、白色

　　白色是一种包含光谱中所有颜色光的颜色,通常被认为是"无色的"。白色的明度最高,无色相。光谱中三原色的光——红色、蓝色和绿色,按一定比例混合得到白光,光谱中所有可见光的混合也是白光。白色明亮、干净、畅快、朴素、雅致与贞节,是纯洁的象征色。(图 5-34)

　　白色属于无色系,是色彩里明度最亮的颜色,有很强的膨胀感(图 5-35)。在色彩三要素(明度、纯度、色相)中起骨架作用的明度中,发挥着举足轻重的作用,任何色彩加入白色后,明度都会提高,但同时纯度会降低。

　　在西方,特别是欧美国家,白色是婚纱的颜色,是纯洁无瑕的体现,表示爱情的纯洁和坚贞。但在东方,却把白色作为丧色,与死亡、丧事相联系。

图 5-34　纯洁的白色

图 5-35　具有膨胀感的白色

图 5-36　具有死亡感的黑色

图 5-37　庄重、高雅的黑色

九、黑色

黑色在理论上是由红、黄、蓝三原色相混而成的,也可以是没有任何可见光进入视觉范围,与白色相反,白色是所有可见光谱内的光都同时进入视觉范围。黑色比白色略暖,与暖色调的颜色调和效果更佳。

黑色深邃、神秘、暗藏力量。它将光线全部吸收,没有任何反射,黑色是一种具有多种不同文化意义的颜色。黑色和白色的搭配是永远都不会过时的,一直都位于时尚的前沿。同时,黑白两色也是极端对立的颜色,但有时候又令我们感到它们之间有着令人难以言状的共性。白色与黑色都可以表达对死亡的恐惧和悲哀(图 5-36),都具有不可超越的虚幻和无限的精神,然而黑白又总是以对方的存在显示自身的力量。它们似乎是整个色彩世界的主宰。

黑色是一个很强大的色彩。它可以很庄重和高雅(图 5-37),而且可以让其他颜色(亮色)突显出来。在只适用黑色而不用其他颜色的时候,会有一种沉重的感觉。黑色是几乎所有颜色的好搭档。它让其他颜色看起来更亮,即便是暗色系的颜色也可以和黑色很好搭配,和白色搭配可以提供很棒的对比。黑色和红色同样非常引人注目,当它们和橙色搭配的时候依然很有吸引力,不过可能会和万圣节相联系。黄色在黑色背景上很突出,但是浅蓝色与黑色搭配却会传递一种保守的味道。黑色具有高贵、稳重、科技的意象,许多科技产品的用色,如电视、跑车、摄影机、音响、仪器的色彩,大多采用黑色。在其他方面,黑色的庄严意象,也常用在一些特殊场合的空间设计,生活用品和服饰设计大多利用黑色来塑造高贵的形象,黑色也是一种永远流行的主要颜色,适合与许多色彩相搭配。

一些由黑色产生的联想是悲哀、死亡和罪恶(图 5-38)。但是正面的黑色可以流露出高雅、热情、信心、神秘、权力和力量。 在西方文化中,黑色一般代表贬义,如"黑色的日子"表示凄惨、悲伤、忧愁的日子,如"黑色的星期五"。黑色是哀悼的颜色,人们常穿黑色衣服参加葬礼。 黑色还代表"秘密""隐蔽"和"不确定的",如黑社会是指地下隐蔽的犯罪组织。黑色在绘画、文学作品和电影中常用来渲染死亡、恐怖的气氛。但有时黑色也有褒义,如在时装界,黑色代表稳定、庄重的样式。在口语中,"新黑色"代表最新的时尚潮流。

十、灰色

从光学上看，它居于白色与黑色之间，属中等明度，与黑色和白色一样，都属于无色系。对眼睛的刺激适中，既不眩目也不暗淡，视觉最不容易感到疲劳。视觉以及心理对它的反应平淡、乏味，甚至沉闷、寂寞、颓废，具有抑制情绪的作用（图5-39），如灰色的心情、灰色收入。

在生活中，灰色与含灰色色彩数量极大，变化极丰富。凡是陈旧、衰败、枯萎的都会被灰色所吞没。但灰色是复杂的颜色，漂亮的灰色常常要用优质原料精心配制才能产生出来，而且有较高文化艺术知识与审美能力的人才乐于欣赏。因此，灰色也能给人以高雅、精致、含蓄、耐人寻味的印象（图5-40）。

图 5-38　悲哀、罪恶的黑色

图 5-39　寂寞的灰色

图 5-40　高雅、耐人寻味的灰色

91

十一、极色

极色是质地坚实、表层光滑、具有反光强烈的金属色与玻璃、塑料等物体色。如金、银、铜、铁、铝、塑料、玻璃等，受光面和高光极为明亮，反光明显，暗部很深。在游戏中，武士的铠甲与兵器多为金银色。（图 5-41）

其中，金、银、铜等属于贵金属色，给人以辉煌、高级、华丽、高贵的印象。塑料、玻璃等给人以时髦、讲究、有现代感的印象。总之，极色属于装饰功能与实用功能都特别强的色彩。金色可以起到象征高贵、光荣、华丽、辉煌的作用，所以皇族通常用金色制作衣服。在许多国家因为黄金的颜色是金色，所以金色代表金钱、财富和资本主义。金色具有极醒目的作用和炫耀感。它具有一个奇妙的特性，就是在各种颜色配置不协调的情况下，使用了金色就会使它们立刻和谐起来，并产生光明、华丽、辉煌的视觉效果。但如果大片地运用金色，对空间和个体的要求就非常高，一不小心，就会产生搭配瓶颈，容易像个暴发户或者拜金人士。 服饰方面，最为保险的配色方案是金色配中咖啡色、白色，银色配金色，另外杏黄色、驼

图 5-41　极色

色与金色搭配也十分和谐。驼色与咖啡色,可以给人以沉稳、平静、纯朴的感觉,它们会中和金色的强烈气氛,尤其是以浅驼色为主色调的服装,再点缀部分金色,则显得高雅、动人,适宜一些较为庄重的场合。(图5-42)

银色是沉稳之色,代表高尚、尊贵、纯洁、永恒。清脆悦耳,比如说银铃般的声音;神圣庄严,比如说银灰色的庄严;富贵荣华,比如说金银财宝;清秀俊美,比如说一口银牙,比喻牙齿洁白。银色是时尚色调,中间色的一种,容易搭配,会使人有洞察力、灵感、星际力量和直觉。

第二节　色彩的联想

色彩的心理联想是借助人的视觉传达给大脑的一种形象的、积极的思维活动,具有逻辑性和创造性。当我们看到某种色彩时,能够联想到或记忆起相应的事物,从而产生与此相关的情绪变化。

图5-42　与极色搭配的色彩

一、具体联想

在现实生活中,我们通常可以由色彩联想到自然界、生活中具体的事物,我们称其为具体联想。

红色:苹果、太阳、红旗、血、火、春联、口红、中国结、灯笼、警示牌、消防车等。

橙色:橘子、胡萝卜、橙子、柿子、面包、蛋糕等。

黄色:香蕉、油菜花、向日葵、柠檬、月亮、蛋黄等。

黄绿:草地、春天的树叶、幼苗、蔬菜、嫩草、竹子等。

绿色:树叶、原始森林、苔藓、山、邮筒、西瓜等。

青色:天空、湖泊、淤血、远山等。

蓝色:秋天的天空、海水、太空、多瑙河、海军、清洁剂等。

紫色:葡萄、茄子、紫罗兰、紫丁香、紫藤、熏衣草等。

黑色:夜晚、煤炭、头发、黑眼珠、墨汁等。

白色:雪、白云、面粉、白纸、白兔、白糖、毒品等。

灰色:水泥、乌云、灰尘、老鼠、柏油路等。

二、抽象联想

人们在生活中积累了很多丰富的色彩感受,不同的色彩会给人带来不同的感受,因此色彩寄托了人们的灵魂与感情。某种色彩使人们联想到富有哲理性或象征性概念的心理感受,这种情感表现,即色彩的抽象联想。

红色:兴奋、热烈、热情、火辣、喜庆、紧张、奋进等。

橙色:甜美、温暖、欢喜、活跃、精神、活泼、美味可口等。

黄色:光明、希望、快活、明朗、愉悦、动感等。

绿色:和平、安全、新鲜、青春、理想、成长等。

蓝色:沉静、理智、悠久、深远、忧郁、凉爽、寂静、伤感等。

紫色:高贵、神秘、优雅、含蓄、忧郁、谦逊、失意、悲伤等。

黑色:深沉、稳定、庄重、坚定、压抑、恐怖、邪恶、死亡等。

白色:纯洁、明亮、干净、透明、神圣、朴素、虚无、清静等。

灰色:内向、消极、失望、抑郁、悲伤、暧昧等。

三、色调的联想

浅亮调:淡雅、轻柔、透明、轻松、明亮、爽朗等。

浅色调:简洁、妩媚、柔弱、欢愉、清朗等。

亮色调:光辉、艳丽、青春、朝气、健美、欢快、甜蜜、新鲜等。

鲜色调:艳丽、华贵、发展、悦目、刺激、自由、外向、生动等。

深色调:沉着、老练、神秘、深邃、博大、高尚等。

暗色调：稳重、坚强、古风、刚毅、质朴、充实等。

浅灰调：温柔、柔弱、消极、内向、成熟等。

浊色调：朦胧、沉着、质朴、稳定、宁静、低沉等。

灰色调：沉郁、消极、内向、被动、含蓄、优雅、平淡等。

第三节　色彩的心理感受

这里所说的心理感受是指视觉对色彩的反应随外在环境而改变。视觉受色彩的明度及彩度的影响，会产生冷暖、轻重、远近、胀缩、动静等不同的感受与联想。色彩由视觉辨识，但能影响到人们的心理，作用于感情，乃至左右人们的精神与情绪。色彩就本质而言并无感情，而是人们经过在生活中积累的普遍经验，形成了对色彩的心理感受。

人的触觉、视觉、嗅觉、味觉、听觉往往灵敏地连接在一起。"耳中见色，眼里闻声"确实不是奇怪的现象，，而是通感作用。色彩感觉的通感就是视觉器官看到颜色时，耳、鼻、舌等感官会无意识地产生感觉。如看到柠檬黄色，会想到青涩的杏子，嘴里就会有酸酸的感觉，甚至会分泌出唾液来。"望梅止渴"就是这个道理。

一、色彩的冷暖感

冷暖感本来是人们的触觉对外界温度高低的反应，但是如果在温度相同的房间里，点红色灯光要比点蓝色灯光感觉更为温暖，色彩的冷暖感是色彩视觉与肌肤触觉的通感，是视觉经验、触觉感受与心理联想共同作用的结果。色彩的各种感觉中，冷暖感是人们最先感知到的。色彩的冷暖感主要取决于色相，红色、橙色、黄色可以让人联想到火、太阳，就会产生温暖感，称为暖色。蓝色、绿色让人联想到蓝天、大海、树阴，有寒冷的感觉，称为冷色。在绘画与设计中，色彩的冷暖有着很大的适用性，故得到广泛的应用，如表现热烈欢乐的气氛，多考虑用暖色调。中性色是不暖不冷的色彩，与冷色对比时有温暖感，与暖色对比时有寒冷感。

冷色和暖色除了给人们以温度上的不同感觉外，在不同的情况下，还有其他的感觉。冷色会让人感到深远、透明、稀薄、冷静，暖色则伴随着浓密感、厚重感、迫近感、兴奋感。

二、色彩的轻重感

色彩的明度、纯度、色相都能影响色彩的轻重感,而明度的影响最大。明度高的色彩感觉轻,具有轻飘、上升、轻巧的感觉倾向,富有动感。(图5-43)暗色具有稳重感,有沉重、下降的感觉倾向,好像黑铁般刚强、坚硬。明度相同时,纯度高的色彩比纯度低的色彩感觉轻。在色相方面,红、橙、黄等暖色给人以重的感觉,青色、蓝色、绿色等冷色给人以轻的感觉(图5-44)。

画家和设计师常利用色彩的轻重感处理画面的均衡,往往会收到良好的效果。如画面的上半部色彩的明度和纯度都较高,而下半部的色彩深沉、低明度、低纯度,会使人感到画面具有稳定感,如果倒过来则会有头重脚轻的感觉。在画面中用稳重、浑厚的暗调子组织色彩,能让人感觉刚强、有力量、雄壮。如果用柔和的明灰色或冷色,则可以得到飘然、清爽、温和、纯净的轻快感。

图5-43 具有轻飘、上升感的高明度色彩

图5-44 具有轻飘感的蓝色、绿色

三、色彩的空间感

我们经常说色彩"近暖远冷",是因为暖色具有向前迫近与扩张的感觉,因此被人们称为前进色。冷色有后退与收缩的感觉,我们称之为后退色。当冷暖色并置时,便形成了暖色向前,冷色后退的空间层次感。明度不同的色彩也可以产生远近的空间感,如绘画一样,色彩由深至浅、由浅至深的渐变,自然会产生前后起伏的空间感。色彩的前进与后退还与背景密切相关,背景为暗色时,主体物为亮色和灰色,背景会衬托主体物更为向前。背景为灰色调时,主体物为亮色向暗色的渐变,那么主体物的亮暗渐变色在背景灰色的衬托下更有体积感和前进感。还有,色块面积大的颜色要比面积小的色块靠前。

空间感是设计家重要的表现手段之一。色彩的远近空间感能产生千变万化的美妙构想,增强作品的立体感,起到衬托主题、渲染气氛的作用。

四、色彩的动静感

不同的色彩蕴含着不同程度的力与能量。从冷暖方面看,红、橙、黄色给人以兴奋感,青、蓝色给人以沉静感,而绿色和紫色介于两种感觉之间,属中性。纯度高的色彩活动性强烈,与低纯度的颜色配置在一起,就会形成向外扩张的力度感(图 5-45),高纯度的颜色互相搭配在一起,色彩间就会形成相互排斥的抗争力,形成一种内在的、充满活力的生命力(图 5-46)。色彩明度关系对比悬殊的配色,也能引起张力强、动势强的视觉感受。亮色与暗色的搭配给人以紧张感,中明度的灰色调配色给人以舒适感。

动静感也来源于人们的联想,它与色彩对心理产生的作用是密不可分的。色彩的动静感与画面色调的气氛及其意境有着紧密的关系。色彩的运用应服务于主题,在进行色调设计时,色彩的动静感效果是必不可少的思考因素。

图 5-45　具有扩张感的纯色

图 5-46　充满活力的高纯度色

五、色彩的透明感

色块在叠压或重叠的时候,可以表现出透明的感觉,隐隐约约能够看到后面的物体或空间,具有层次、神秘、轻快、舒畅的特点。

众所周知,水彩颜料是透明感非常强的,它的色彩就有不可覆盖性,所以水彩画给人丰富多彩、飘逸轻灵的感受。而用不透明的颜料,通过一定的方法来组织色彩也能获取轻快的透明感。柠檬黄、绿色、淡青色就有淡雅轻快的透明感,利用明度、色相的层次渐变,通过一定的次序排列,自然显现层层透明、玄妙轻柔的色彩效果。

六、色彩的音乐感

一幅轻淡的色彩作品,会让人感觉是在欣赏一首轻音乐,悠扬、柔情,如吴冠中的作品(图5-47)。一幅色彩变化丰富、明暗对比强烈的色彩作品就好像在欣赏一曲交响乐,既雄浑而壮丽,又婉转而轻柔,如赵无极的作品(图5-48)。

物理学家将声音的振动频率与色光的波长进行比较,发现了相互之间的对应关系。色彩明度的高低与声音的高低音有对应关系,高明度的色彩,就像一首音乐里的高音,高亢而激情;低明度的色彩就是低音,低沉而厚重。不同明度的色阶组成一幅美丽多姿的画面,犹如一曲音阶丰富、旋律变化多端的乐曲。纯度高的色彩作品具有尖锐、高亢的音乐感;纯度低的色彩作品具有低沉浑厚的音乐感。不同色彩相配合可以形成各具特色的音乐节奏和旋律感。

七、色彩的嗅觉感

视觉器官看到颜色时,鼻子的感官会无意识产生感觉。鼻子用来闻气味,如花朵的清香、水果的香甜、饭菜的香味等,还有我们比较厌恶的、刺鼻的气味……

当看到花朵的颜色时,我们会感觉这种色彩有

图5-47 吴冠中的作品

图5-48 赵无极的作品

花朵般的香气,如看到红色的玫瑰,就会感受到浓郁的香气(图 5-49),看到迎春花的黄色,就会感受到迎春花的香气,看到烘烤糕点的橙棕色,就会感受到糕点的香甜味道。

八、色彩的味觉感

视觉器官看到颜色时,舌的感官会无意识产生感觉。味觉主要是对食物产生的感受,各种食物都有其不同的颜色,但各类食物的色彩又有其相似性,如肉类,猪肉、羊肉、牛肉、鸡肉等,虽各不相同,但却有其相似性。所以,当我们看到肉的颜色时,就会不知不觉中感受到肉的香气;看到奶油的奶黄色时,就会感受到奶油的香味;看到青涩的柠檬绿,会联想到柠檬、青杏,产生酸酸的感觉(图 5-50),不知不觉会流出口水来。各种水果、蔬菜、糖果等亦然。

九、色彩的华丽质朴感

饱和度和明度较高的鲜明色彩,如红色、橙色、金黄色等,具有很强的华丽感(图 5-51),而饱和度和明度较低的色彩,如青色、绿色、灰色不显山露水,显得质朴、素雅(图 5-52)。另外,颜色丰富的作品显得华丽,颜色单一就显得质朴。

图 5-49 玫瑰花

图 5-50 酸涩的柠檬

图 5-51 豪华的宫殿

图 5-52 朴素的建筑

第四节 色彩的地域性文化与禁忌

一、美洲国家地区

美国:在明度上,美国人一般喜欢浅雅的颜色,如奶白色、粉绿色、浅蓝色、黄色、粉红色、浅茶色。在纯度上,喜欢比较纯的色彩。

古巴:大多数人喜好鲜明的色彩。因在商业上深受美国的影响,故商品的颜色以美国为标准。

墨西哥:墨西哥人不喜欢紫色,因为它是棺材的颜色。而黄色也是不吉利的颜色,黄色花代表着死亡,红色代表符咒。

巴西:在巴西,人们不喜欢棕色、深褐色,认为它们是不吉利的颜色。紫色表示悲哀,黄色表示绝望。

二、欧洲国家

挪威:挪威人对高纯度的颜色比较偏爱,尤其是红色、蓝色、绿色。

罗马尼亚:罗马尼亚人认为白色是纯洁的象征,红色代表爱情,黄色表示谨慎,绿色代表着希望,黑色具有消极的意味。

捷克、斯洛伐克:人们喜爱红色、蓝色、白色,认为它们是前进的、积极的颜色,而黑色被认为有着腐败、消极的含义。

意大利:意大利人喜爱绿色、灰色、白色。认为紫色是不吉利的象征。

希腊:希腊是航海的国家,蓝色和白色的搭配是他们的最爱。希腊人还喜欢鲜明的色彩,如大黄、绿、蓝色。黑色被认为是不吉利的。

三、亚洲国家

中国香港地区:香港人偏爱纯度高的有彩色系,如红色、黄色、绿色。而对无彩色系,如黑色、白色、灰色不太喜欢。

日本:日本人喜欢红、白、蓝、橙、黄等暖色系,对黑白相间色、绿色、深灰色不喜爱。日本颜色的标志意义:红色表示灭火、停止;橙黄色表示危险;黄色表示注意;绿色表示救护、通行;蓝色表示小心;白色表示道路在修整中。

蒙古:蒙古人喜欢红色,象征亲热、幸福和胜利。许多蒙古人喜欢穿红色的蒙古袍。黑色被认为是不吉利的,故蒙古人不穿黑衣服。

泰国:泰国人喜爱红、黄色,禁忌褐色。人们习惯用不同的颜色表示星期,星期日为红色,星期一为黄色,星期二为粉红色,星期三为绿色,星期四为橙色,星期五为淡蓝色,星期六为紫红色。

马来西亚:人们喜爱绿色、红色、橙色。认为黄色是死亡的象征,黑色被认为是颓废的。

新加坡:新加坡人喜爱红、绿、蓝色,禁忌紫色、黑色。

巴基斯坦:巴基斯坦人偏爱翡翠绿色,也喜欢绿色、银色、金色及鲜艳的色彩。认为黑色是消极的颜色。

阿富汗:积极的颜色是红色和绿色。

印度:印度人在生活和服装色彩方面喜欢红、黄、蓝、绿、橙及其他鲜艳的颜色。黑色、白色和灰色,被视为消极的、不受欢迎的颜色。

伊拉克:伊拉克人视绿色为宗教的颜色,黑色被用于丧事,客运行业用红色作为代表,警车用灰色作为代表。

沙特阿拉伯:沙特阿拉伯人认为白色是纯洁的象征,绿色是吉祥和生命的颜色,视黄色为死亡的颜色而禁用。

四、非洲国家

埃及:埃及人喜欢绿色、白色、红色、橙色,忌讳黑色、蓝色、紫色。

苏丹:苏丹人偏爱白色的头巾和薄纱,且认为黄色是美的标志,为了使皮肤变成黄色,女性特别喜欢沐烟雾浴。

利比亚:利比亚人喜欢绿色,禁忌黑色。

阿尔及利亚:阿尔及利亚人偏爱为白、蓝、黄三种颜色。据说白色能反光避热,以适应炎热、干燥的气候环境,蓝色能避免害虫的侵蚀,黄色则是沙漠的颜色。

摩洛哥:摩洛哥人喜欢绿、红、黑色,认为白色是不吉利的。

利比里亚:明亮鲜艳的纯色备受欢迎,认为黑色、白色带有消极的含义。

思考与练习

1. 以红色、黄色、蓝色为例,思考人类对它们的共性感受。

2. 以红色、黄色、蓝色为例,思考不同文化下的个体差异性感受。

第六章
动漫游戏色彩的表现技巧

游戏
动漫

当今的游戏从制作上主要可以分为两大门类——2D游戏和3D游戏。对于美术开发者来说,对2D游戏色彩的控制主要通过平面绘图软件(Photoshop,Flash等)对角色、场景、UI等元素的绘制来达到。对于3D游戏来说,对游戏色彩的表现控制主要通过前期的原画设计,中期的模型和后期的灯光特效等整合还原。

所以,对动漫游戏的色彩表现主要也通过两个途径来体现。下面就针对在平面软件中和3D引擎中的色彩表现分别做说明。

图6-1 铅笔绘制的原稿

一、在Photoshop中为动漫游戏角色上色

1.先在纸上用铅笔绘出原稿。(图6-1)

2.将原稿导入到Photoshop中,用路径工具勾线,这一步比较麻烦。也可以用手写板进行描边,会相对容易一些。头发的基本色,头发的阴影部分仍然用路径工具。头发高光部分的形状要和头发相吻合。(图6-2)

图6-2 导入Photoshop进行描边

3.接下来处理脸部颜色和皮肤颜色,注意阴影。然后是眼睛,将眼圈加深,再涂上颜色(红色),用渐变工具画出眼球的立体感,点上眼睛的高光,大小要适合,眼白部分和眼皮在眼球上的阴影也不要忽略。(图6-3、图6-4)

图6-3 脸部和皮肤部分的处理

图 6-4　眼睛部分的处理

图 6-5　衣服部分的处理

图 6-6　水晶部分的处理

4.接下来是衣服部分,一般来说颜色有两个层次的明度即可。个别部分,比如蝴蝶结加一些高光看起来更华丽一些。(图 6-5)

5.旁边白色的区域准备画水晶,水晶的块面不同,颜色深度也不同。把几处人物上的地方按照水晶上不同块面的形状拷贝下来,再粘贴在水晶上,并调整不透明度,透明程度要把握适当,水晶的透明感要表现出来。水晶上的高光部分,用亮色勾几条边后,把勾的边设置为"闪耀",把闪的光设置为白色,闪耀面积和不透明度要适合。(图 6-6)

图6-7　背景部分的处理

图6-8　完成稿

6.最后为了渲染气氛,背景加上颜色,再加一些花瓣和光带。(图6-7)

用 Photoshop 上色要注意分层,线稿和各个部分的颜色最好在不同图层,这样非常方便调整画面颜色,如完整稿就调了两组颜色的头发。对于游戏来说,对同一角色进行不同配色来丰富角色数量是非常常用的手法。(图6-8)

以上就是一个基本的 Photoshop 上色教程,也是在动漫游戏制作中最常见的 2D 色彩表现技法。

二、3D 引擎中的色彩表现

在 3D 游戏中,除了三维美术师依据原画绘制出贴图所表现的模型固有颜色以外,引擎灯光和色彩的屏幕后期处理也会很大程度上决定游戏最终的画面表现。

尤其在最先进的 3D 引擎中,画面的重点更多在一些宏观的景深大气效果和纹理细节的处理上。物体的颜色也更多地受环境影响。此类游戏因为开发成本高所以大多都是大制作,跟许多大制作的电影类似,画面上追求大气磅礴或者暗黑极致的效果。

这类大制作的作品无论是电影还是游戏,在单帧画面上所表现的细节都非常多。不管是宽阔的视野还是针对局部更多的细节辅助,画面上的元素都远多于其他作品。所以,在细节如此多的情况下,物体本身的固有颜色往往都相对单纯,这样就避免了画面过于杂乱。屏幕上所表现的有限的颜色倾向都来自于光源或者特效。(图6-9~图6-13)

此类游戏的画面颜色大多比较好控制,只要掌握好基本的冷暖色相对比就行。游戏题材大多是射击动作类型,此类题材上 UI 显示的内容相对较少,即便有 UI 也做得与场景中的其他元素融合多一些(避免跟精细程度极高的场景角色发生冲突)。

图 6-9　细节丰富的画面效果(1)

图 6-10　细节丰富的画面效果(2)

图 6-11　光源的色彩表现

图 6-12　特效的色彩表现

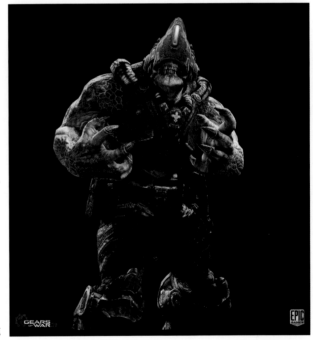

图 6-13　物体固有颜色单纯

思考与练习

1. 试用 Photoshop 软件,为一角色上色。

2. 试着在虚拟引擎中为一个 3D 场景打光,力求营造出炙热和寒冷两个主题。

参考文献

[1] [美]法瑟. 色彩管理[M]. 刘浩学,梁炯,武兵,等译. 北京:电子工业出版社,2005 年 7 月第 1 版.

[2] 陈伟南,刘萍. 色彩的艺术[M]. 上海:上海交通大学出版社,2003 年 7 月第 1 版.

[3] 周信华,胡家康. 色彩基础与应用[M]. 上海:东华大学出版社,2006 年 7 月第 1 版.

[4] [德]哈拉尔德·布拉尔姆. 色彩的魔力[M]. 陈兆,译. 合肥:安徽人民出版社,2003 年 3 月第 1 版.

[5] 肖丰,苏和,吴海广. 色彩基础教程[M]. 武汉:华中师范大学出版社,2011 年 6 月第 1 版.

[6] [美]鲁·阿恩海姆. 艺术心理学新论[M]. 郭小平,翟灿,译. 北京:商务印书馆,1999 年 9 月第 1 版.

[7] [美]贡布里希. 艺术发展史[M]. 范景中,林夕,译. 天津:天津人民美术出版社,2001 年 2 月第 1 版.

[8] 赵平勇. 设计色彩学[M]. 北京:中国传媒大学出版社,2006 年 5 月第 1 版.

[9] 陈瑞年. 色彩构成[M]. 重庆:西南师范大学出版社,2005 年 9 月第 1 版.

[10] 李广元. 色彩艺术学[M]. 哈尔滨:黑龙江美术出版社,2000 年 3 月第 1 版.

[11] 朱狄. 当代西方艺术哲学[M]. 北京:中国青年出版社,1994 年 4 月第 1 版.

[12] 张涵. 美学大观[M]. 郑州:河南人民出版社,1986 年 12 月第 1 版.

[13] 赵国志. 色彩构成[M]. 沈阳:辽宁美术出版社,1989 年 12 月第 1 版.

[14] [德]约翰内斯·伊顿. 色彩艺术[M]. 杜定宇,译. 北京:世界图书出版公司,1999 年 6 月第 1 版.

[15] 汪瑞霞,谢晓昱. 动画色彩[M]. 南京:江苏科学技术出版社,2009 年 9 月第 1 版.

[16] 宗传玉,肖伟. 原画设计[M]. 北京:中国劳动社会保障出版社,2012 年 5 月第 1 版.

[17] 苏海涛,赵勇权. 游戏动画角色设计[M]. 北京:中国青年出版社,2011 年 1 月第 1 版.

[18] 鲁彦娟,何海燕,王俊明. 动漫设计基础——色彩[M]. 北京:清华大学出版社,2013 年 4 月第 1 版.

[19] 贾否,胡燕. 动画背景绘制与色彩[M]. 合肥:安徽美术出版社,2008 年 11 月第 1 版.

[20] 徐育忠,张怡. 动画色彩的语境渲染[J]. 装饰,2007(6).

[21] 王艳丽. 感悟色彩在电影中的作用[J]. 电影评介,2007(11).